Henri Moissan

Recherches sur l'isolement du fluor

Sciences

 Le code de la propriété intellectuelle du 1er juillet 1992 interdit en effet expressément la photocopie à usage collectif sans autorisation des ayants droit. Or, cette pratique s'est généralisée dans les établissements d'enseignement supérieur, provoquant une baisse brutale des achats de livres et de revues, au point que la possibilité même pour les auteurs de créer des œuvres nouvelles et de les faire éditer correctement est aujourd'hui menacée. En application de la loi du 11 mars 1957, il est interdit de reproduire intégralement ou partiellement le présent ouvrage, sur quelque support que ce soit, sans autorisation de l'Éditeur ou du Centre Français d'Exploitation du Droit de Copie , 20, rue Grands Augustins, 75006 Paris.

ISBN : 978-1976343032

10 9 8 7 6 5 4 3 2 1

Henri Moissan

Recherches sur l'isolement du fluor

Sciences

Table de Matières

INTRODUCTION.	6
CHAPITRE I.	17
CHAPITRE II.	25
CHAPITRE III.	33
CHAPITRE IV.	38
CONCLUSIONS.	63

INTRODUCTION.

Généralités.

Avant d'exposer le résultat de ces longues recherches, qu'il me soit permis d'adresser à M. Debray, dans le laboratoire duquel ces expériences ont été faites, l'assurance de mon affectueuse reconnaissance. Non seulement ce savant a bien voulu mettre à ma disposition des appareils rares et coûteux, mais, ce dont je ne saurais trop le remercier, il n'a cessé de m'encourager de ses bienveillants conseils, et son extrême bonté ne s'est jamais démentie un seul instant. Je dois ajouter d'ailleurs que j'ai trouvé à la Faculté des Sciences de Paris toutes les facilités possibles de travail. M. Troost et M. Friedel allaient au-devant de mes désirs, et, grâce à l'extrême obligeance de ces savants, j'ai pu mener à bien et avec rapidité toutes ces expériences sur l'isolement du fluor.

Je suis parti dans ces recherches d'une idée préconçue. Si l'on suppose pour un instant que le chlore n'ait pas encore été isolé, bien que nous sachions préparer les chlorures métalliques, l'acide chlorhydrique, les chlorures de phosphore et d'autres corps similaires, il est de toute évidence que l'on augmentera les chances que l'on peut avoir d'isoler cet élément en s'adressant aux composés que le chlore peut former avec les métalloïdes.

Il me semblait que l'on obtiendrait plutôt du chlore en essayant de décomposer le pentachlorure de phosphore ou l'acide chlorhydrique qu'en s'adressant à l'électrolyse du chlorure de calcium ou d'un chlorure alcalin.

Ne doit-il pas en être de même pour le fluor ?

Enfin le fluor étant, d'après les recherches antérieures et particulièrement celles de Davy et de M. Fremy, un corps doué d'affinités énergiques, on devait, pour pouvoir recueillir cet élément, opérer à des températures aussi basses que possible.

Telles sont les considérations générales qui m'ont amené à reprendre d'une façon systématique l'étude des combinaisons formées par le fluor et les métalloïdes.

Je me suis adressé tout d'abord au fluorure de silicium, et j'ai été frappé, dès ces premières recherches, de la grande stabilité de ce composé. Sauf les métaux alcalins, qui, au rouge sombre, le dédoublent avec facilité, peu de corps agissent sur le fluorure de silicium. Il est facile de se rendre compte de cette propriété, si l'on remarque que sa formation est accompagnée d'un grand dégagement de chaleur. M. Berthelot a démontré depuis longtemps que les corps composés sont d'autant plus stables qu'ils dégagent plus de chaleur au moment de leur production. M. Guntz a évalué cette chaleur de formation du fluorure de silicium et il l'a estimée égale à

$$+ 134^{Cal},7.$$

Je pensais donc, à tort ou à raison, avant même d'avoir isolé le fluor, que, si l'on parvenait jamais à préparer ce corps simple, il devait se combiner avec incandescence au silicium cristallisé. Et chaque fois que, dans ces recherches, j'espérais avoir mis du fluor en liberté, je ne manquais pas d'essayer cette réaction ; on verra plus loin qu'elle m'a parfaitement réussi.

Après ces premières expériences sur le fluorure de silicium, j'ai entrepris l'étude des composés du fluor et du phosphore. Ces corps avaient été peu étudiés depuis Humphry Davy, qui regardait le fluorure de phosphore comme un corps liquide. Cependant M. Thorpe avait, dans ces dernières années, indiqué un procédé de préparation du pentafluorure de phosphore qui, d'après lui, était gazeux. J'ai étudié d'une façon aussi complète que possible ces différents composés ; j'ai découvert et analysé le trifluorure[1] et l'oxyfluorure de phosphore[2], qui sont gazeux, et j'ai essayé, en modifiant de toutes façons les expériences, quelle était l'action de l'étincelle d'induction sur ces corps.

Le pentafluorure de phosphore put seul être dédoublé en fluor et trifluorure en présence de fortes étincelles d'induction. Les conditions mêmes de l'expérience qui se faisait dans une éprouvette de verre, fermée par du mercure, ne permettaient pas d'isoler la petite quantité de fluor produite, noyée d'ailleurs dans un excès de fluorure de phosphore[3].

Dans un autre ordre d'idées, l'action du platine au rouge sur les fluorures de phosphore m'a fourni des résultats intéressants, mais qui n'avaient pas une netteté suffisante pour résoudre la question de l'isolement du fluor[4].

En même temps que se poursuivaient ces études, je préparais le trifluorure d'arsenic, qui avait été obtenu par Dumas dans un grand état de pureté ; je déterminais ses constantes physiques, ainsi que quelques propriétés nouvelles, et j'apportais tous mes soins à étudier l'action du courant sur ce composé[5].

Le fluorure d'arsenic AsFl^3, corps liquide à la température ordinaire, composé binaire formé d'un corps solide, l'arsenic, et d'un corps gazeux, le fluor, semblait se prêter dans d'excellentes conditions à des expériences d'électrolyse.

J'ai dû, à quatre reprises différentes, interrompre ces recherches sur le fluorure d'arsenic, dont le maniement est plus dangereux que celui de l'acide fluorhydrique anhydre et dont les propriétés toxiques m'avaient mis dans l'impossibilité de continuer ces expériences.

Je suis arrivé cependant à électrolyser ce composé en employant le courant produit par 90 éléments Bunsen, et l'on verra plus loin que si cette expérience ne nous a pas donné le fluor, elle nous a fourni de précieux renseignements sur l'électrolyse des composés fluorés liquides. C'est elle qui nous a conduit à la décomposition de l'acide fluorhydrique anhydre, rendu conducteur au moyen du fluorhydrate de fluorure de potassium.

Cette dernière expérience m'a donné le résultat cherché[6]. Au pôle négatif j'ai obtenu de l'hydrogène, et au pôle positif un corps gazeux doué de propriétés nouvelles, d'une activité chimique des plus puissantes, et que l'on peut considérer comme étant le radical des fluorures, comme étant le fluor.

Je diviserai l'exposé de ces recherches en quatre Chapitres :

1° Action de l'étincelle d'induction sur différents gaz fluorés ;

2° Action du platine au rouge sur les fluorures de phosphore et sur le fluorure de silicium ;

3° Électrolyse du fluorure d'arsenic ;

4° Électrolyse de l'acide fluorhydrique. Isolement du fluor.

Pour ces différentes expériences, on a dû préparer et manier plusieurs kilogrammes de fluorure d'arsenic et d'acide fluorhydrique anhydre. Je suis heureux, en terminant ces généralités, de remercier M. Albert Kœnig du concours dévoué qu'il a bien voulu me prêter pendant ces recherches.

Historique.

Dès 1768, Margraff[7] étudia l'action de l'huile de vitriol sur la fluorine ; mais ce fut Scheele[8] qui caractérisa l'acide fluorhydrique, en 1771, sans arriver toutefois à l'obtenir à l'état de pureté. En 1809, Gay-Lussac et Thenard[9] reprirent l'étude de cette préparation qui avait été le sujet d'une discussion scientifique entre Bergmann, Wiegleb, Bucholz et Meyer ; ils arrivèrent à produire un acide assez pur, très concentré, mais qui était encore loin d'être anhydre. L'action de l'acide fluorhydrique sur la silice et les silicates fut alors parfaitement élucidée.

En 1813, Davy[10] publia un important Mémoire sur ce sujet.

Peu de temps auparavant, Ampère, dans deux lettres adressées à Humphry Davy, avait émis cette opinion que l'acide fluorhydrique pouvait être considéré comme formé par la combinaison de l'hydrogène avec un corps simple inconnu, le fluor ; en un mot, que c'était un acide non oxygéné, un hydracide.

Davy, qui partageait cette idée, chercha donc tout d'abord à démontrer que l'acide fluorhydrique ne renfermait pas d'oxygène. Pour cela, de l'acide fluorhydrique fut neutralisé par de l'ammoniaque pure, et le fluorhydrate obtenu fortement chauffé dans un appareil de platine. On ne put recueillir dans la partie froide de l'appareil que du fluorhydrate d'ammoniaque sublimé : aucune trace d'eau ne s'était formée. La même expérience, répétée avec un acide oxygéné, fournit une notable quantité d'eau.

Humphry Davy agrandit alors la question et chercha à isoler le radical de cet acide fluorhydrique, qu'il considérait désormais comme l'analogue de l'acide chlorhydrique, ce dernier étant formé par l'union de la chlorine et de l'hydrogène.

On peut, d'une façon générale, diviser les recherches entreprises sur le fluor en deux grandes classes :

1° Expériences faites par voie électrolytique s'adressant soit à l'acide, soit aux fluorures ;

2° Expériences faites par voie sèche.

Dès le début de ces études, il était à prévoir que le fluor

décomposerait l'eau quand on pourrait l'isoler ; par conséquent, toutes les tentatives qui ont été faites par la voie humide, depuis les premiers travaux de Davy, le furent sans aucune chance de succès. Je ne m'y arrêterai pas dans cet historique.

Humphry Davy a fait beaucoup d'expériences électrolytiques, et ces expériences, il les a exécutées dans des appareils en platine ou en chlorure d'argent tondu, et au moyen de la puissante pile de la Société royale.

Il a reconnu que l'acide fluorhydrique se décomposait tant qu'il contenait de l'eau, et qu'ensuite le courant semblait passer avec plus de difficulté. Il a essayé aussi de faire jaillir des étincelles dans l'acide concentré et il a pu, dans quelques essais, obtenir par cette méthode une petite quantité de gaz. Mais l'acide, bien que refroidi, ne tardait pas à se réduire en vapeurs : le laboratoire devenait rapidement inhabitable. Davy fut même très malade pour s'être exposé à respirer les vapeurs d'acide fluorhydrique, et il conseille aux chimistes de prendre de grandes précautions pour éviter l'action de cet acide sur la peau et sur les bronches.

On sait que Gay-Lussac et Thenard avaient eu également beaucoup à souffrir de ces mêmes vapeurs acides.

Les autres expériences de Davy (je ne puis les citer toutes) ont été faites surtout en faisant réagir le chlore sur les fluorures. Elles présentaient des difficultés très grandes, car on ignorait à cette époque l'existence des fluorhydrates de fluorure, et l'on ne savait pas préparer un certain nombre de fluorures anhydres.

Ces recherches de Davy sont, comme on pouvait s'y attendre, de la plus haute importance, et une propriété remarquable du fluor a été mise en évidence par ce savant. Dans les recherches où il avait été possible de produire une petite quantité de ce radical des fluorures, le platine ou l'or des vases dans lesquels se faisait la réaction était profondément attaqué. Il s'était formé dans ce cas des fluorures d'or et de platine. Le verre avait été attaqué aussi, avec formation de fluorure de silicium et dégagement d'oxygène.

Davy a varié beaucoup les conditions de ses expériences. Il a répété l'action du chlore sur un fluorure métallique dans des vases de soufre, de charbon, d'or, de platine, etc. ; il n'est jamais arrivé à un résultat satisfaisant. Il est conduit ainsi à penser que le fluor possédera une activité chimique beaucoup plus grande que celle des composés connus.

Et, en terminant son Mémoire, Humphry Davy indique que ces expériences pourraient peut-être réussir si elles étaient exécutées dans des vases en fluorine. Nous allons voir que cette idée a été reprise par différents expérimentateurs.

En 1833, Aimé[11] soumit le fluorure d'argent à l'action du chlore dans un vase de verre enduit d'une mince couche de caoutchouc. Ce dernier fut charbonné, et l'expérience ne fournit pas de meilleurs résultats que celle de Davy.

Les frères Knox[12] reprirent cet essai et voulurent décomposer le fluorure d'argent par le chlore dans un appareil en fluorure de calcium. La principale objection à faire à leurs expériences repose sur ce fait, que le fluorure d'argent employé n'était pas sec. Il est en effet très difficile de déshydrater complètement les fluorures de mercure et d'argent. De plus, nous verrons, par les recherches de M. Fremy, que l'action du chlore sur les fluorures tend plutôt à former des produits d'addition des fluochlorures, qu'à chasser le fluor et à le mettre en liberté.

En 1848, Louyet[13], en opérant aussi dans des appareils en fluorine, étudia une réaction analogue : il fit réagir le chlore sur le fluorure de mercure. Les objections que l'on peut faire aux recherches des frères Knox s'appliquent aussi aux travaux de Louyet. M. Fremy a démontré que le fluorure de mercure préparé par le procédé de Louyet renfermait encore une notable quantité d'eau. Aussi les résultats obtenus étaient assez variables. Le gaz recueilli était un mélange d'air, de chlore et d'acide fluorhydrique dont les propriétés se modifiaient suivant la durée de la préparation.

Les frères Knox se plaignirent aussi beaucoup de l'action de l'acide fluorhydrique sur les voies respiratoires, et à la suite de leurs travaux l'un d'eux rapporte qu'il a été forcé de passer trois années à Naples et qu'il en est revenu encore très souffrant. Quant à Louyet, entraîné par ses recherches, il ne prit pas assez de précautions pour éviter cette action irritante des vapeurs d'acide fluorhydrique, et il paya de sa vie son dévouement à la Science.

Les publications de Louyet ont amené M. Fremy à reprendre, vers 1850, cette question de l'isolement du fluor[14]. M. Fremy étudia d'abord les fluorures métalliques ; il démontra l'existence de nombreux fluorhydrates de fluorures, indiqua leurs propriétés et leur composition. Puis il fit réagir un grand nombre de corps gazeux sur ces différents fluorures ; l'action du chlore, de l'oxygène fut étudiée avec soin. Enfin toute son attention fut attirée sur l'électrolyse des fluorures métalliques.

La plupart de ces expériences étaient faites dans des vases de platine, à des températures parfois très élevées. Lorsque, après cette étude générale des fluorures, M. Fremy reprit l'action du chlore sur les fluorures de plomb, d'antimoine, de mercure et d'argent, il montra nettement la presque impossibilité d'obtenir à cette époque ces fluorures absolument secs. Aussi l'on comprend que, dans ses recherches électrolytiques, ce savant se soit adressé surtout au fluorure de calcium.

Ayant vu combien les fluorures retiennent l'eau avec énergie, il revient toujours à cette fluorine qu'on trouve parfois dans la nature dans un grand état de pureté et absolument anhydre. C'est ce fluorure de calcium, maintenu liquide à une haute température, que M. Fremy va électrolyser dans un vase de platine. Dans ces conditions, le calcium se porte au pôle négatif, et l'on voit, autour de la tige de platine qui constitue l'électrode négative et qui se ronge avec rapidité, un bouillonnement indiquant la mise en liberté d'un nouveau corps gazeux. Ce corps gazeux déplace l'iode des iodures ; mais, aussitôt que l'on tente quelques essais, le métal alcalino-terreux, mis en liberté, perce la paroi de platine et tout est à recommencer ; l'appareil a été mis hors d'usage en quelques instants.

Loin de se décourager par les insuccès, M. Fremy apporte au contraire, dans ces recherches, une persévérance incroyable. Il varie ses expériences, modifie ses appareils et les difficultés ne font que l'encourager à poursuivre son étude.

Deux faits importants se dégagent tout d'abord de ses travaux : l'un qui est entré immédiatement dans le domaine de la Science ; l'autre qui semble avoir frappé beaucoup moins les esprits.

Le premier, c'est la préparation de l'acide fluorhydrique anhydre, de l'acide fluorhydrique pur. Jusqu'aux recherches de M. Fremy, on avait ignoré l'existence de l'acide fluorhydrique vraiment privé d'eau.

Ayant préparé et analysé le fluorhydrate de fluorure de potassium, M. Fremy s'en sert aussitôt pour obtenir l'acide fluorhydrique pur et anhydre.

Il prépare ainsi un corps gazeux à la température ordinaire, qui se condense dans un mélange réfrigérant en un liquide incolore très avide d'eau.

Voilà donc un résultat d'une grande importance, préparation de l'acide fluorhydrique pur.

Le second fait, qui a passé je dirai presque inaperçu et qui m'a vivement intéressé, surtout à la fin de mes recherches, c'est que le fluor a la plus grande tendance à s'unir à presque tous les composés par voie d'addition.

En un mot, le fluor forme avec facilité des composés ternaires et quaternaires. Faisons réagir le chlore sur un fluorure ; au lieu d'isoler le fluor, nous préparerons un fluochlorure. Employons l'oxygène, nous ferons un oxyfluorure. Cette propriété nous explique l'insuccès des tentatives de Louyet, des frères Knox et d'autres opérateurs. Même en agissant sur des fluorures secs, dans une atmosphère de chlore, de brome ou d'iode, nous aurons plutôt des composés ternaires que du fluor libre. Ce point a été nettement mis en évidence par M. Fremy. Et le Mémoire de ce savant comportait un si grand nombre d'expériences, qu'il semble avoir découragé les chimistes, arrêté l'essor de nouvelles études. Depuis 1856, date de la publication du Mémoire de M. Fremy, les recherches sur l'acide fluorhydrique et sur l'isolement du fluor sont peu nombreuses. La question paraît subir un temps d'arrêt.

Cependant, en 1869, un chimiste anglais, Gore, reprend avec méthode l'étude de l'acide fluorhydrique. Il part de l'acide fluorhydrique anhydre préparé par la méthode de M. Fremy ; il détermine son point d'ébullition, sa tension de vapeurs aux différentes températures, enfin ses principales propriétés. Il étudie ensuite l'électrolyse de l'acide fluorhydrique, soit pur, soit additionné d'autres acides ; enfin, il cite un grand nombre d'observations sur l'action de l'acide fluorhydrique anhydre au contact des métalloïdes, des métaux et de différents sels. Son Mémoire est d'une exactitude remarquable.

Je dois rappeler qu'antérieurement Faraday avait démontré, d'une façon très nette, que l'acide fluorhydrique absolument anhydre ne conduisait pas le courant. Dans le cas où l'acide renfermait une petite quantité d'eau, la décomposition électrolytique de ce dernier liquide se produisait seule, et, lorsque l'eau avait disparu, l'acide fluorhydrique arrêtait toute conductibilité. Ces expériences avaient été reprises et vérifiées par M. Gore.

Dans une deuxième série de recherches, M. Gore[15] étudie avec beaucoup de détails le fluorure d'argent, l'électrolyse de ce fluorure fondu et l'action que ce composé exerce sur différents métalloïdes. Il indique aussi avec détails la formation d'un certain nombre de composés ternaires et quaternaires formés par voie d'addition.

Enfin, Kammerer[16] a fait réagir l'iode à 60° sur le fluorure d'argent sec dans un tube de verre scellé après avoir expulsé l'air par un courant de vapeur d'iode. Dans ces conditions on obtiendrait, après vingt-quatre heures, un gaz qu'il serait possible de recueillir et de manier sur la cuve à mercure[17], gaz qui n'attaquerait pas le verre et qui serait immédiatement absorbé par une solution alcaline. Kammerer estimait que ce gaz pouvait être le fluor.

Pfaundler[18], qui a repris ces expériences, regarde le gaz obtenu comme un mélange de fluorure de silicium et d'oxygène.

Pour terminer cet historique déjà bien long, je rappellerai aussi les recherches si intéressantes de M. Guntz[19] sur la chaleur de neutralisation de l'acide fluorhydrique en présence des bases, et sur la chaleur de formation des fluorures.

Notes

1. H. MOISSAN, Sur la préparation et les propriétés du trifluorure de phosphore (Annales de Chimie et de Physique, 6e série, t. VI, p. 433 et 468).

2. H. MOISSAN, Sur un nouveau corps gazeux, l'oxyfluorure de phosphore (Comptes rendus de l'Académie des Sciences, t. CII, p. 1245).

3. H. MOISSAN, Sur le pentafluorure de phosphore (Comptes rendus de l'Académie des Sciences, t. CIII, p. 1257).

4. H. MOISSAN, Action du platine au rouge sur les fluorures de phosphore (Comptes rendus, t. CII, p. 763).

5. H. MOISSAN, Sur quelques propriétés nouvelles du fluorure d'arsenic (Comptes rendus, t. XCIX, p. 874).

6. H. MOISSAN, Isolement du fluor (Comptes rendus de l'Académie des Sciences, t. CII, p. 1543, et t. CIII, p. 202 et 256). Voir aussi : Rapport fait au nom de la Section de Chimie sur les recherches de M. Moissan relatives à l'isolement du fluor, par M. Debray (Comptes rendus, t. CIII, séance du 8 novembre 1886).

7. MARGRAFF, Transactions de Berlin ; 1768.

8. SCHEELE, Examen du spath fluor et de son acide. Mémoires de l'Académie des Sciences de Stockholm, année 1871, 2e trimestre, et Mémoires de Chimie, t. I, p. 1.

9. GAY-LUSSAC et THENARD, Mémoire sur l'acide fluorique (Annales de Chimie et de Physique, t. LXIX, p. 204 ; 1809.)

10. H. DAVY, Mémoire sur la nature de l'acide fluorique, lu à la Société royale de Londres, le 8 juillet 1814, et Annales de Chimie, t. LXXXVIII, p. 271.

11. AIME, Note sur le fluor (Ann. de Chim. et de Phys., 2e série, t. LV, p. 443 ; 1839).

12. G.-J. KNOX et TH KNOX, Philosophical Magaz. and Journal of Sciences, t. IX., p. 107 ; et G.-J. KNOX, Philosophical Magaz., t. XVI, p. 192.

13. LOUYET, Nouvelles recherches sur l'isolement du fluor (Comptes rendus de l'Académie des Sciences, t. XXIII, p. 960).

14. FREMY, Recherches sur les fluorures (Annales de Chimie et de Physique, 2e série, t. XLVII, p. 5).

15. GORE, Sur le fluorure d'argent (Chem. News, t. XXI, p. 28, et t. XXIV, p. 291 ; et Bulletin de la Société chimique de Paris, t. XIV, p. 38, t. XV, p. 187, et t. XVII, p. 33).

16. KAMMERER, Journ. für prakt. Chem., t. LXXXV, p. 452.

17. Nous verrons à la fin de ce travail que le fluor est absorbé par le mercure à la température ordinaire.

18. PFAUNDLER (Wiener Acad. Berlin, t. XLVI, p. 258).

19.   GUNTZ, Recherches thermiques sur les combinaisons du fluor avec les métaux(Annales de Chimie et de Physique, 3e série, t. XLVII, p. 24).

CHAPITRE I.
ACTION DE L'ÉTINCELLE D'INDUCTION SUR QUELQUES GAZ FLUORÉS.

La haute température fournie par l'étincelle de la bobine de Ruhmkorff, produisant souvent un dédoublement partiel des composés binaires, nous avons pensé qu'il était intéressant d'étudier cette action sur un certain nombre de gaz fluorés.

Fluorure de silicium.

Nous avons employé dans ces recherches le dispositif si commode indiqué par M. Berthelot[1]. Dans une éprouvette de verre placée sur la cuve à mercure se trouve un certain volume de fluorure de silicium. Ce gaz, qui a été desséché au moment de la préparation, est laissé pendant cinq à six heures en présence d'une baguette de potasse fondue au creuset d'argent, afin d'être certain qu'il ne renferme plus d'humidité.

Deux tubes recourbés, remplis de mercure, donnent passage aux fils de platine qui amènent le courant (*fig.* 1). Nous nous sommes servi dans ces expériences d'une bobine actionnée par trois éléments Grenet, pouvant donner facilement dans l'air des étincelles de $0^m,04$.

On avait soin de bien faire jaillir l'étincelle entre les fils de platine maintenus au milieu de l'éprouvette, de telle sorte que cette étincelle ne pût s'étaler sur une paroi de verre. Enfin le mercure, l'éprouvette et les tubes étaient desséchés avec le plus grand soin.

Lorsque l'étincelle a passé pendant une heure, on arrête l'expérience et on laisse le gaz reprendre la température du laboratoire. Il ne s'est produit aucun dépôt de silicium, l'éprouvette de verre n'a pas été dépolie, le volume est resté constant et les propriétés du gaz n'ont pas varié.

La même expérience répétée sur un mélange à volumes égaux de fluorure de silicium et d'oxygène a donné des résultats identiques.

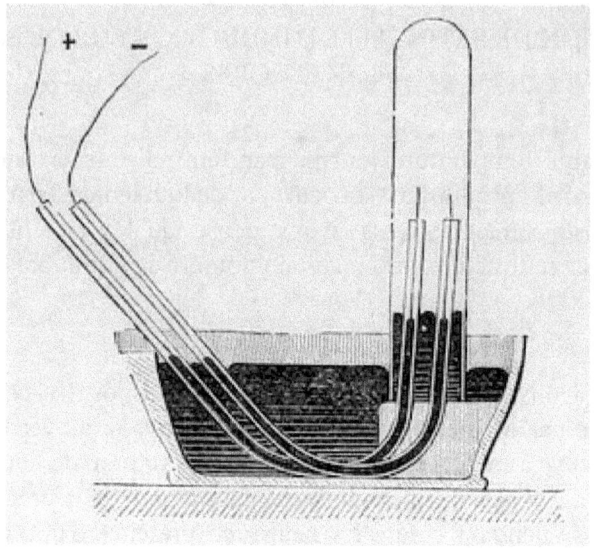

Fig. 1.

Trifluorure de phosphore.

L'action de l'étincelle d'induction sur le trifluorure de phosphore a été décrite avec détails dans un Mémoire précédent[2]. Nous rappellerons donc rapidement les résultats. Si le gaz trifluorure de phosphore est absolument sec, le volume diminue, il se dépose du phosphore sur la paroi de l'éprouvette et l'on obtient finalement un mélange gazeux de trifluorure et de pentafluorure de phosphore. Comme il n'y a pas formation de fluorure de silicium (l'éprouvette n'est même pas dépolie), il faut admettre que le fluor, mis en liberté, se porte aussitôt sur le trifluorure en excès pour donner du pentafluorure de phosphore

$$5\ PhFl^3 = 3\ PhFl^5 + 2\ Ph.$$

Si le trifluorure de phosphore contient une trace d'humidité, le mélange gazeux peut renfermer, après l'expérience, 1/5 de fluorure de silicium. Cela tient à ce que l'hydrogène de la petite quantité d'eau, contenue dans le gaz, fournit avec le fluor du fluorure de phosphore, de l'acide fluorhydrique qui réagit sur le verre en produisant du fluorure de silicium et de l'eau

$$2\ SiO^2 + 4\ HFl = Si^2Fl^4 + 4\ HO.$$

Cette nouvelle quantité d'eau est décomposée à son tour et l'action se continue. Une très petite quantité de vapeur d'eau peut ainsi, sous l'action de l'étincelle, transformer une quantité relativement très grande de fluorure de phosphore en fluorure de silicium. Après l'expérience, la surface intérieure de l'éprouvette est complètement dépolie.

Si cette action de l'étincelle dure plusieurs heures, la décomposition se ralentit. Le fluorure de silicium formé n'est pas détruit par l'étincelle, il entrave l'expérience et vient la limiter.

J'ai réalisé aussi cette expérience à laquelle avait songé Humphry Davy : faire brûler un fluorure de phosphore dans l'oxygène. Un mélange de 4^{vol} de trifluorure de phosphore et de 2^{vol} d'oxygène placé dans une éprouvette de verre sur la cuve à mercure est traversé par une étincelle d'induction. Une violente détonation se produit ; il n'y a pas formation d'acide phosphorique et mise en liberté de fluor, comme l'espérait le savant anglais, mais le trifluorure et l'oxygène s'unissent pour produire un nouveau corps gazeux, l'oxyfluorure de phosphore[3]

$$PhFl^3 + O^2 = PhFl^3O^2.$$

C'est là un nouvel exemple de la facilité que possède le fluor de fournir des produits d'addition.

Pentafluorure de phosphore.

M. Thorpe n'avait pas réussi à dédoubler le gaz pentafluorure de phosphore, sous l'action de l'étincelle d'induction. Nous avons répété cette expérience en prenant les plus grandes précautions pour n'agir que sur un gaz bien privé d'humidité. Nous avons vu précédemment que le pentafluorure de phosphore sec, produit dans la décomposition du trifluorure par l'étincelle, n'attaque pas le verre.

L'éprouvette graduée, dans laquelle doit se faire la décomposition, est portée à 200°, puis refroidie vers 80° et emplie alors de mercure sec. On la retourne aussitôt sur la cuve à mercure, en ayant bien soin de prendre le métal au moment même de l'expérience, dans un flacon à robinet renfermant de l'acide sulfurique. La cuve à mercure en porcelaine a été desséchée à l'étuve, ainsi que les fils de platine et les tubes de verre.

Du pentafluorure de phosphore entièrement absorbable par l'eau et bien exempt de fluorure de silicium est introduit dans l'appareil ; on dispose les fils de platine dans l'axe de l'éprouvette, de telle sorte que l'étincelle ne touche pas la paroi de verre, puis, au moyen d'un fil de platine, on fait passer au milieu du gaz un morceau de potasse fondue au creuset d'argent, afin d'enlever les dernières traces d'humidité qui pourraient provenir de la manipulation de l'appareil. La potasse est retirée plusieurs heures après ; on note le niveau du mercure dans l'éprouvette, la pression et la température ; on fait alors passer une série d'étincelles d'induction entre les deux fils de platine.

Lorsque l'on se sert d'une bobine fournissant dans l'air des étincelles de $0^m,04$, on n'obtient aucune décomposition. Après refroidissement, le volume est resté le même, les parois de l'éprouvette n'ont pas été attaquées, le mercure a conservé toute sa netteté et les propriétés du gaz ne sont en rien changées. C'est bien là le résultat obtenu par M. Thorpe[4].

Il n'en est plus de même si l'on emploie une forte bobine pouvant donner dans l'air des étincelles de $0^m,20$. Dans ces conditions, l'expérience étant disposée comme précédemment, on ne tarde pas à voir l'éprouvette se dépolir, la surface du mercure s'attaquer et perdre son brillant. Dans nos expériences, nous laissions le plus souvent passer l'étincelle pendant une heure. On abandonnait ensuite l'appareil de façon à laisser refroidir l'éprouvette qui s'était beaucoup échauffée. On notait enfin la température et la hauteur du mercure ; le volume du gaz avait diminué.

Si l'on fait l'analyse de ce gaz après le passage des étincelles, on voit qu'il a subi une assez profonde modification. Mis en présence de l'eau, il abandonne de la silice, ce qui indique la formation du fluorure de silicium ; enfin il reste un gaz (parfois jusqu'à 15 pour 100) qui n'est plus absorbable immédiatement par l'eau, qui est absorbable par une solution alcaline et qui présente toutes les réactions du trifluorure de phosphore.

Sous l'action de puissantes étincelles d'induction, le pentafluorure s'est donc dédoublé en trifluorure et en fluor

$$PhFl^5 = PhFl^3 + Fl^2.$$

Ce dernier corps a attaqué le mercure et le verre, il s'est produit du fluorure de silicium et du fluorure de mercure. En même temps le fluorure a légèrement diminué ; cela tient, pensons-nous, à ce qu'une partie du pentafluorure de phosphore, sous l'action surtout de l'élévation de température, s'est combinée aux alcalis du verre. L'éprouvette lavée avec de l'eau distillée donne une solution de fluorure et de phosphates alcalins.

Voici les résultats de deux expériences :

		cc
$PhFl^5$.	Volume primitif à 0° et à 760^{mm}	98,60
	Volume final à 0° et à 760^{mm}	95,25
	Volume du trifluorure à 0° et à 760^{mm}	14,22
Trifluorure formé, pour 100		14,62
$PhFl^5$.	Volume primitif à 0° et à 760^{mm}	72,30
	Volume final à 0° et à 760^{mm}	70,26
	Volume du trifluorure à 0° et à 760^{mm}	10,06
Trifluorure formé, pour 100		13,91

En résumé, le pentafluorure de phosphore ne présente pas le facile dédoublement du pentachlorure qui a permis à M. Cahours d'employer avec succès ce composé à la chloruration des corps organiques. Il est beaucoup plus stable et ne se dédouble que sous l'action de très fortes étincelles d'induction. L'expérience, qui se fait dans des vases de verre, en présence du mercure, ne peut pas servir à caractériser le fluor ; car, dans ces conditions, il se produit immédiatement du fluorure de silicium et du fluorure de mercure.

Fluorure de bore.

Soumis à l'action de l'étincelle d'induction, le fluorure de bore n'a pas présenté de propriétés nouvelles. Le volume est resté constant et la paroi de verre n'a pas été attaquée. Il ne s'était pas produit de fluorure de silicium.

Fluorure d'arsenic.

Le trifluorure d'arsenic $AsFl^3$ a été préparé par Dumas, qui, après avoir été blessé en recueillant une certaine quantité de ce produit, a cependant étudié ses propriétés principales[5].

Mac Ivor[6] a déterminé la densité, le point d'ébullition, et indiqué une nouvelle méthode de préparation de ce fluorure d'arsenic.

À la suite de nos recherches sur les fluorures de phosphore, nous avons été amené à reprendre l'étude des propriétés de ce composé[7].

Le trifluorure d'arsenic qui bout à 63° peut facilement être maintenu à l'état gazeux et soumis, comme les corps précédents, à l'action de fortes étincelles d'induction. Le haut de l'éprouvette de verre dans laquelle se fait l'expérience est alors entouré d'un manchon qu'on peut faire traverser par un courant de vapeur d'eau. Cette éprouvette est placée sur la cuve à mercure et l'on dispose les fils conducteurs dans des tubes de verre, courbés comme précédemment. On fait passer dans l'éprouvette remplie de mercure sec une petite ampoule de fluorure d'arsenic, dont on brise la pointe au moyen d'un agitateur, et l'on fait circuler ensuite le courant de vapeur d'eau. Cet appareil a déjà été indiqué par M. Berthelot pour étudier l'action de l'étincelle d'induction sur des corps liquides facilement vaporisables. On ne doit pas oublier dans cette expérience que le fluorure d'arsenic est un composé dangereux à manier qui, mis en contact avec la peau, produit des ulcérations profondes et douloureuses.

L'expérience dure une heure. On laisse ensuite refroidir l'appareil ; on ferme avec soin les tubes qui ont permis l'arrivée et la sortie de la vapeur d'eau, puis on transvase sur la cuve à mercure le gaz produit. Ce dernier est formé en grande partie de fluorure de silicium ; cependant quelques-unes de ses propriétés peuvent laisser croire qu'une trace de fluor a pu échapper à l'action du verre. Ce gaz attaque, en effet, légèrement le mercure lorsqu'il vient d'être préparé. Il déplace l'iode d'une solution d'iodure de potassium, de façon à colorer en rose très nettement quelques centimètres cubes de chloroforme. Ce sont là encore des réactions qui ne présentent pas une grande netteté.

Les fils de platine étaient recouverts, après l'expérience, d'une couche noire d'arsenic ; la paroi de l'éprouvette avait été dépolie, mais ne présentait pas de dépôt d'arsenic.

L'action de l'étincelle d'induction agit bien dans ces conditions comme le ferait la chaleur.

Sous l'action de la chaleur, dans une cloche de verre, le trifluorure de phosphore se dédouble en phosphore, acide phosphorique et fluorure de silicium. La quantité d'oxygène abandonnée par l'acide silicique n'est pas suffisante, en effet, pour transformer la totalité du phosphore en acide phosphorique

$$4\ PhFl^3 + 6\ SiO^2 = 3\ Si^2Fl^4 + 12\ O + 4\ Ph.$$

Au contraire, dans les mêmes conditions, le trifluorure d'arsenic en présence de silicates alcalins ne produit pas de dépôt d'arsenic ; ce corps est complètement transformé en acide arsénieux par l'oxygène de la silice

$$4\ AsFl^3 + 6\ SiO^2 = 3\ Si^2Fl^4 + 4\ AsO^3.$$

Notes

BERTHELOT, Essai de Mécanique chimique, t. II, p. 340.

2. H. MOISSAN, Sur la préparation et les propriétés du trifluorure de phosphore (Annales de Chimie et de Physique, 1re série, t. VI, p. 433).

3. H. MOISSAN, Sur un nouveau corps gazeux, l'oxyfluorure de phosphore (Comptes rendus de l'Académie des Sciences, t. CII, p. 1245).

4. THORPE, Sur le pentafluorure de phosphore (Proceedings of the Royal Society, t. XXV, p. 122).

5. DUMAS, Note sur quelques composés nouveaux, extraite d'une Lettre de Dumas à Arago (Annales de Chimie et de Physique, 2e série, t. XXXI, p. 433, et Traité de Chimie, t. I, p. 359).

6. MAC YVOR, Sur le fluorure d'arsenic (Chemical News, t. XXX, p. 169, et t. XXXII, p. 232).

7. H. MOISSAN, Sur le trifluorure d'arsenic (Comptes rendus de l'Académie des Sciences, t. LXXXIX, p. 874 ; 1884).

CHAPITRE II.
ACTION DU PLATINE AU ROUGE SUR LES FLUORURES DE PHOSPHORE ET LE FLUORURE DE SILICIUM.

Depuis les recherches de M. Fremy, on sait que le fluorure de platine produit dans l'électrolyse des fluorures alcalins se décompose sous l'influence d'une température élevée, et qu'il ne reste finalement dans l'appareil que de la mousse de platine. Il était donc logique de penser que, si l'on pouvait combiner au rouge sombre un fluorure gazeux à la mousse de platine, il serait possible d'en séparer le fluor en portant rapidement la masse au rouge vif.

Afin de s'assurer par un premier essai si le platine au rouge exerçait une action sur les fluorures de phosphore, nous nous y sommes pris de la façon suivante :

Trois éléments Bunsen affaiblis ont été disposés de façon à obtenir un courant aussi constant que possible et l'on a fermé le circuit. Grâce à un courant dérivé, on pouvait à volonté faire passer le courant, soit dans le fil de cuivre qui réunissait les pôles, soit dans un fil de platine d'un diamètre tel que, entouré d'air, il était porté au rouge à une température bien inférieure à celle de son point de fusion.

Le fil de platine était ensuite placé dans une atmosphère de trifluorure de phosphore, et il était traversé à nouveau par le même courant. On voyait aussitôt le platine fondre rapidement. Cette expérience, répétée dans le pentafluorure de phosphore, a donné des résultats un peu différents. Au moment de la fusion du platine, le volume a augmenté brusquement, puis il a diminué, et la surface du mercure est devenue noire.

En résumé, le platine au rouge détruit les fluorures de phosphore et un composé assez fusible se forme, probablement du phosphore de platine. En même temps la paroi de l'éprouvette dans laquelle se faisait l'expérience était dépolie et la surface du mercure s'était ternie.

Le dispositif était à peu près le même que celui employé par M. Berthelot pour l'électrolyse des gaz, et les fils de cuivre traversant le mercure étaient entourés de guttapercha.

Nous avons alors repris cette expérience en employant un appareil qui permît de mettre en réaction une plus grande quantité de ces gaz fluorés. Ces recherches ne pourraient être tentées que dans des vases ne contenant pas de silice et dans des conditions où il serait possible de faire varier la vitesse du courant gazeux.

Voici comment l'expérience était disposée. De la mousse de platine préparée avec soin était lavée à l'acide fluorhydrique, puis à l'eau distillée, de façon à lui enlever toute trace de silice, et enfin calcinée. On plaçait cette matière sèche au milieu d'un tube de platine de 80^{cm} de longueur et de 1^{cm},5 de diamètre.

La partie de l'appareil qui devait être maintenue au rouge était placée dans un tube de porcelaine bien vernissé. Deux tubes de verre passaient au travers des bouchons et permettaient de faire circuler un courant d'azote dans l'espace annulaire. Les extrémités du cylindre de platine portent un pas de vis dans lequel s'engage un tube de platine beaucoup plus petit servant au dégagement du gaz.

L'appareil étant chauffé, on commence par faire passer dans le tube intérieur un courant d'hydrogène pur, de façon à entraîner tous les gaz étrangers. Une heure après, l'hydrogène est remplacé par un courant d'azote et la mousse de platine se refroidit dans ce gaz inerte.

Pendant toute la durée de l'expérience, l'azote pur et sec traverse l'espace annulaire. En employant cet artifice, on peut chauffer le tube sans craindre que les gaz du foyer puissent pénétrer au travers de la paroi de platine.

Enfin le gaz qui doit arriver dans le tube de platine est déplacé du flacon qui le renferme au moyen de mercure sec, en employant les précautions indiquées par M. Berthelot dans ses études de calorimétrie. La *fig.* 2 montre nettement la disposition très simple qui permet à volonté d'arrêter ou de régler le courant gazeux.

Dans quelques expériences, faites avec le trifluorure de phosphore et le fluorure de silicium, l'appareil producteur de gaz sec et pur pouvait être mis en communication directe avec le tube de platine ; mais, dans ce cas, un robinet à trois voies placé sur le passage du gaz pouvait servir à un moment donné à isoler l'appareil de platine. Le courant gazeux de trifluorure de phosphore ou de fluorure de silicium se rendait alors sur une petite cuve à mercure qui n'est pas indiquée sur la figure précédente.

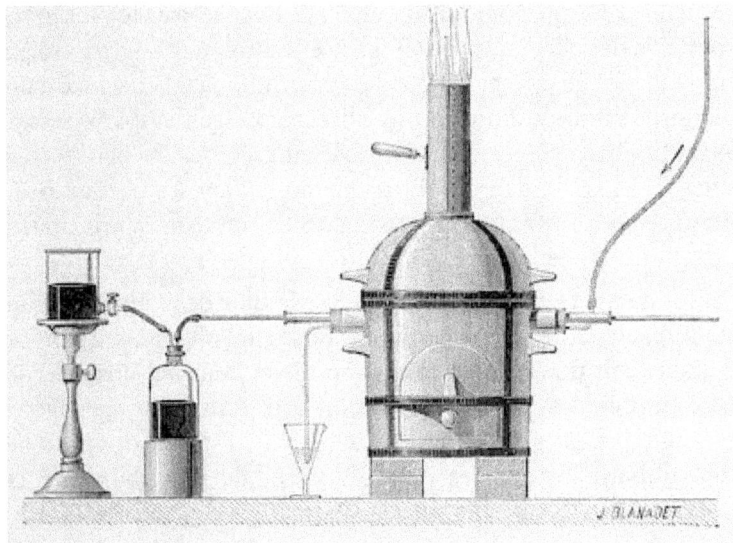

Fig. 2.

Trifluorure de phosphore.

Lorsque l'appareil est monté, ainsi que nous l'avons indiqué précédemment, on porte le tube de platine au rouge et l'on déplace lentement par le mercure du gaz trifluorure de phosphore desséché au moyen de potasse caustique refondue au creuset d'argent. L'appareil étant rempli de trifluorure, si l'on arrête le courant gazeux, un vide partiel se produit ; le fluorure phosphoreux est absorbé par le platine.

L'expérience est différente si l'on maintient un courant rapide de gaz ; il se produit alors une petite quantité de pentafluorure de phosphore, instantanément absorbable par l'eau, ce qui indique qu'une certaine partie du fluor mise en liberté s'est reportée sur l'excès de trifluorure. La réaction semble donc tout d'abord être la même que celle produite par l'étincelle d'induction sur le trifluorure de phosphore.

Cependant le gaz que l'on obtient dans ces conditions présente quelques réactions particulières. Il décompose de suite une solution d'iodure de potassium et met de l'iode en liberté, de façon à colorer fortement du chloroforme. Il attaque le mercure ; enfin, recueilli dans une ampoule de verre, desséchée avec le plus grand soin, il la dépolit en peu de temps. Cette ampoule, ouverte ensuite sur l'eau, donne un léger dépôt de silice, indiquant l'existence d'une petite quantité de fluorure de silicium. Le gaz employé, essayé avant l'expérience, ne fournissait pas en présence de l'eau trace de silice. J'ai insisté, dans un autre Mémoire[1], sur les précautions à prendre pour éviter les composés du silicium dans la préparation du trifluorure de phosphore.

Si l'on fait passer le gaz qui a traversé le tube de platine dans une solution d'iodure de potassium additionnée d'empois d'amidon, il se produit une intense coloration bleue. Mais ici nous devons faire des réserves. La décomposition d'un semblable mélange est produite par un grand nombre de réactifs. Il fallait donc étudier tout d'abord l'action des deux fluorures de phosphore sur cet iodure de potassium.

Le trifluorure de phosphore, en présence du mélange d'empois d'amidon et d'iodure de potassium ne s'absorbant que très lentement, ne donne une coloration qu'après quelques heures. Le pentafluorure fournit une teinte rouge lie de vin, qui finit par passer au violet. Enfin un mélange de ces deux gaz renfermant un excès de trifluorure ne donne pas de coloration instantanée, ce qui a lieu avec le gaz dont nous parlions plus haut. Malgré cela, je ne regarde pas cette expérience comme concluante ; cette réaction colorée est produite si facilement, comme je le disais plus haut, qu'il est bon de s'en défier. Ce qui nous a semblé le plus net est encore l'attaque du mercure et du verre.

Je ne pense pas, du reste, que cette réaction puisse jamais fournir un dédoublement complet en fluor et en phosphore ; en voici la raison. Cette expérience sur l'action du platine m'a démontré que, non seulement le phosphore était fixé par le métal, qu'il se formait un phosphure de platine, mais encore que le fluor était retenu aussi, même à haute température. Si l'on prend la mousse de platine, qui a été chauffée dans le trifluorure de phosphore, on voit qu'elle a changé d'aspect. Elle est lourde, en partie fondue ; vient-on à la chauffer dans un vase de plomb, en présence de l'acide sulfurique, il se dégage de l'acide fluorhydrique.

Henri Moissan

Il y a donc eu fixation, non seulement du phosphore, mais aussi du fluor. C'est ce qui explique que, lorsque l'expérience marche lentement, la pression du gaz diminue dans l'appareil. Lorsque le courant gazeux est rapide, une petite quantité de fluor mis en liberté est entraînée, quitte la paroi chauffée où est la mousse de platine, et peut alors être décelée.

Le phosphure, ou plutôt le fluophosphure de platine fondu, qui reste après l'expérience, renferme environ de 70 à 80 pour 100 de platine.

Chaque expérience exige un nouveau tube de platine. Aussitôt qu'il s'est produit quelques grammes de phosphure, l'appareil est perdu. Il arrive parfois, si la température n'est pas très élevée, que le métal se recouvre d'une matière cristalline ; dès qu'on le porte au rouge vif, il fond sur une longueur de plusieurs centimètres.

L'action du trifluorure de phosphore sur la mousse de platine a été répétée trois fois dans un tube de même métal. Les résultats ont toujours été identiques. Pour bien se rendre compte de la formation du pentafluorure de phosphore, on a repris cette expérience dans un tube de cuivre rouge contenant, comme précédemment, de la mousse de platine. Dans ce cas, le gaz recueilli n'attaque plus le mercure, mais il est formé, comme précédemment d'un mélange de trifluorure et de pentafluorure. Il est facile de doser ce dernier corps en plaçant le gaz recueilli sur le mercure au contact d'une petite quantité d'eau. Dans ces conditions, le pentafluorure de phosphore est de suite absorbé et, si l'on ajoute de la potasse, le trifluorure disparaît à son tour.

	cc	cc
Gaz recueilli sur le mercure	45	48
Après absorption par l'eau	39,2	40,10
Après potasse	0,4	0,5

Le résidu était formé d'azote et ne renfermait pas d'oxygène. La petite quantité de ce dernier gaz qui pouvait se trouver dans l'appareil avait en effet été transformée en oxyfluorure de phosphore $PhFl^3O^2$ absorbable par l'eau.

On voit donc que, par son passage sur la mousse de platine,

le trifluorure nous a fourni 12,80 pour 100 de pentafluorure de phosphore.

Pentafluorure de phosphore.

Les résultats fournis par l'action du pentafluorure de phosphore sur le platine au rouge sont beaucoup plus nets que ceux donnés par le trifluorure. J'ai obtenu dans ces expériences un certain nombre de réactions importantes sur lesquelles je n'ai encore rien publié, car leur explication ne pouvait être donnée avec certitude que lorsqu'on connaîtrait les propriétés du fluor.

Le gaz pentafluorure du phosphore employé dans ces recherches avait été préparé par l'action du brome sur le trifluorure de phosphore[2]. Ce gaz était absolument sec, car il n'attaquait pas le verre des flacons dans lesquels il était conservé.

Il était pur, entièrement absorbable, sur la cuve à mercure, par l'eau privée d'air, sauf un onglet presque imperceptible ; enfin, le liquide obtenu dans ces conditions ne contenait pas de brome.

L'appareil avait été disposé comme précédemment et l'on avait eu soin de ne mettre en longueur que 10^{cm} environ de mousse de platine, de façon que cette substance soit entièrement portée au rouge. De plus, un serpentin de plomb traversé par de l'eau à 0° refroidissait le tube de platine aussitôt sa sortie du fourneau. Ce dernier était fortement chauffé par un feu de coke en menus morceaux, activé par un bon tirage.

Voici les conditions dans lesquelles on a fait l'expérience. Le tube plein d'azote renfermant la mousse de platine était porté au rouge vif ; on balayait l'appareil par un rapide courant de pentafluorure de phosphore, puis on modérait l'arrivée du gaz. Cinq minutes plus tard, on faisait passer le gaz avec une vitesse plus grande et l'on étudiait alors ses propriétés à l'extrémité du tube de platine. Pour cela on avait placé au préalable plusieurs corps solides dans des tubes de verre portant une petite sphère à leur extrémité. Ces tubes à essais avaient un diamètre tel que l'ajutage de platine qui terminait l'appareil pouvait pénétrer avec facilité jusqu'à la sphère, c'est-à-dire au contact même du corps solide à étudier. Ces petits tubes séchés d'abord à l'étuve à 100° avaient été placés ensuite sous une cloche contenant de la potasse caustique. On en prenait un au moment même de faire chaque expérience.

Si l'on place un fragment d'iodure de potassium sec au contact du gaz qui se dégage par le petit tube de platine, il devient immédiatement noir : de l'iode est mis en liberté.

Le silicium cristallisé perd aussitôt son brillant, noircit nettement, sans présenter aucun phénomène d'incandescence. Seulement le tube à essai retiré, bouché avec le doigt, puis porté sur la cuve à eau, indique la présence du fluorure de silicium. Le pentafluorure de phosphore analysé précédemment ne donnait pas de dépôt de silice au contact de l'eau.

Du phosphore sec s'est enflammé au contact du gaz.

Du mercure brillant a noirci, enfin le verre a été attaqué avec formation de fluorure de silicium.

Cette expérience de la décomposition partielle du pentafluorure de phosphore a été répétée deux fois dans un tube de platine et les résultats ont été les mêmes.

Tous ces caractères indiquent bien que le gaz obtenu présente des réactions plus énergiques que celles du pentafluorure de phosphore. L'attaque lente du silicium, l'inflammabilité du phosphore, l'attaque du mercure, différencient nettement les propriétés de ce gaz de celles du pentafluorure. Mais, en réalité, le nouveau gaz actif dégagé dans cette décomposition est noyé dans un excès de pentafluorure.

C'est d'ailleurs grâce à cela qu'il a pu échapper à l'action du platine chaud, de telle sorte que, si ces expériences étaient faites pour nous encourager, elles étaient loin cependant de résoudre la question de l'isolement du fluor. Elles semblaient démontrer plutôt l'inutilité des réactions entreprises à haute température.

Nous avons alors reporté à nouveau nos efforts sur l'action du courant électrique sur quelques composés fluorés liquides, étude qui fait le sujet du Chapitre suivant.

Fluorure de silicium.

Il était à espérer qu'au rouge vif le fluorure de silicium pourrait, en présence de la mousse de platine, former du siliciure de platine facilement fusible et du fluorure de platine qui, grâce à la température élevée, se dédoublerait en mousse de platine et fluor.

Cette expérience a été réalisée avec le dispositif précédent et a fourni un gaz dont une seule propriété semblait différente de celles du fluorure de silicium. Le mélange gazeux attaquait en effet légèrement le mercure. 100^{cc} mesurés dans une éprouvette de verre ont diminué de 2^{cc} en douze heures au contact du mercure et la surface brillante de ce dernier a été noircie et couverte de crasse. En même temps la paroi de l'éprouvette était dépolie.

Le fluorure de silicium employé dans ces expériences était préparé dans un vase de verre à parois épaisses, par l'action de l'acide sulfurique pur, sur un mélange de fluorure de silicium et de silice, cette dernière provenant de la préparation de l'acide fluosilicique. Le gaz obtenu qui renfermait encore de l'acide fluorhydrique passait dans un tube rempli de coton de verre et maintenu au rouge sombre. Grâce à cette disposition, on peut obtenir avec facilité du fluorure de silicium exempt de vapeurs d'acide fluorhydrique.

Cette expérience a été variée de différentes façons : on a fait passer, par exemple, sur la mousse de platine portée au rouge, un mélange de fluorure de silicium et d'oxygène préparé par le bioxyde de manganèse et l'acide sulfurique. Le gaz recueilli n'était pas doué de propriétés nouvelles.

Notes

1. Sur la préparation du trifluorure de phosphore (vide supra).

2. H. MOISSAN, Action du chlore, du brome et de l'iode sur le trifluorure de phosphore(Annales de Chimie et de Physique, 6e série, t. VII, p. 468).

CHAPITRE III.
ÉLECTROLYSE DU FLUORURE D'ARSENIC.

Ainsi que je le faisais remarquer dans les généralités de ce Mémoire, le fluorure d'arsenic, corps liquide à la température ordinaire, composé binaire formé d'un corps solide, l'arsenic, et d'un corps gazeux, le fluor, semblait se prêter dans d'excellentes conditions à des expériences d'électrolyse. Aussi, dès le début de mes recherches sur les combinaisons du fluor et des métalloïdes, avais-je tenté cette expérience.

Du fluorure d'arsenic bien pur est placé dans un creuset de platine, qui sert d'électrode négative annulaire. Un fil de platine de petit diamètre, en contact avec le pôle positif, arrivait au milieu du creuset suivant son axe et s'arrêtait à un demi-centimètre du fond. Si l'on fait agir dans ces conditions le courant produit par 3 éléments Grenet, on voit l'arsenic former une couche noire sur la surface du creuset, mais aucun gaz ne se dégage au pôle positif. Cependant, si l'on trempe le fil de platine dans une solution d'iodure de potassium additionnée d'empois d'amidon, on obtient des stries bleues qui tombent lentement au fond du verre, indiquant la décomposition du sel et la mise en liberté de l'iode. Vient-on à répéter cette expérience, en plaçant dans le mélange d'iodure de potassium et d'amidon l'électrode négative ou un fil de platine trempé dans le fluorure d'arsenic, on n'obtient aucune coloration violette. Cette expérience répétée une quinzaine de fois, et avec des échantillons différents de fluorure d'arsenic, est toujours identique. Il se forme donc autour du fil de platine une petite gaine gazeuse ayant la propriété de décomposer l'iodure de potassium.

L'expérience étant disposée ainsi que nous venons de l'indiquer, nous avons alors fait agir sur le fluorure d'arsenic le courant fourni par 25 éléments Bunsen montés en série. L'arsenic se dépose rapidement sur le creuset, tandis qu'il se dégage bulle à bulle un corps gazeux autour du fil de platine. Malheureusement le fluorure d'arsenic conduit mal l'électricité, la réaction est assez lente ; de plus, l'arsenic qui se dépose sur le platine est un corps mauvais conducteur qui interrompt le courant et, par conséquent, la décomposition. Après quelques minutes, l'expérience s'arrête.

La surface du fil de platine formant le pôle positif est attaquée par le gaz qui se dégage. On sait qu'il en était de même dans les expériences de M. Fremy sur la décomposition des fluorures métalliques par l'électricité.

Encouragé par ce premier résultat, j'ai porté aussitôt tous mes efforts sur ces essais d'électrolyse du fluorure d'arsenic. J'ai essayé tout d'abord de rendre ce liquide meilleur conducteur en l'additionnant soit d'acide fluorhydrique anhydre, soit d'un fluorure métallique. Parmi les nombreux essais tentés dans cette voie, j'avais remarqué que le fluorhydrate de fluorure de potassium était le composé qui semblait donner les meilleurs résultats.

J'avais varié en même temps la disposition de l'appareil et je me servais à cette époque de vases de plomb, fermés, portant un tube abducteur, sur la forme desquels je n'insisterai pas.

J'ai interrompu plusieurs fois ces recherches sur le fluorure d'arsenic, mais j'étais cependant toujours ramené à cette question par l'espérance de vaincre les difficultés et de scinder le fluorure d'arsenic en arsenic solide et en fluor.

Finalement, je suis arrivé à électrolyser ce composé d'une façon continue, grâce au courant fourni par 70 à 90 éléments Bunsen.

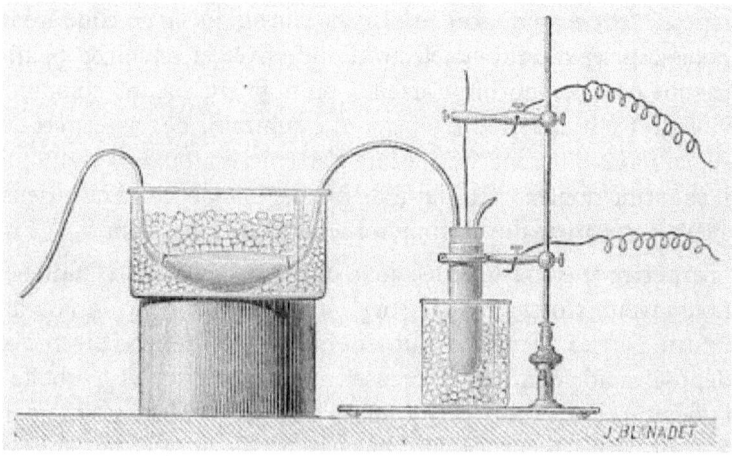

Fig. 3.

L'appareil (*fig.* 3) dans lequel se fait l'expérience se compose d'un tube à essai en platine, fermé par un bouchon en liège paraffiné portant deux tubes à dégagement en platine. Le premier, simplement recourbé à angle droit, servira à remplir l'appareil d'azote pur ; il sera fermé ensuite pendant la durée de l'expérience. Le second met le tube à essai en communication avec un petit réfrigérant en platine, de forme allongée, qui servira à condenser les vapeurs de trifluorure d'arsenic. Ce réfrigérant porte un autre tube de platine, deux fois recourbé à angle droit, qui peut amener le gaz sur une petite cuve remplie de mercure. Un anneau métallique, isolé par une tige de verre, entoure le tube à essai et permet de le mettre en communication avec le pôle négatif de la pile. Enfin une tige de platine, traversant le bouchon paraffiné et s'arrêtant à 1^{cm} environ du fond du tube à essai, servira d'électrode positive.

Le fluorure d'arsenic était préparé en chauffant dans une cornue de verre, en présence d'un excès d'acide sulfurique, un mélange à poids égaux d'acide arsénieux et de fluorure de calcium. On condensait les vapeurs dans un appareil de plomb et l'on rectifiait ensuite rapidement le liquide obtenu dans un alambic de platine, en ne recueillant que ce qui distillait entre 60° et 65°.

Lorsque ce fluorure était placé dans le tube à essai en platine, on entourait ce dernier, ainsi que le petit réfrigérant, de glace pilée. On faisait passer ensuite dans tout l'appareil un courant d'azote pur et sec, puis on fermait en l'écrasant le premier petit tube de platine, et l'appareil était prêt à fonctionner.

Si l'on emploie un courant de 70 à 90 éléments Bunsen, la décomposition est continue. Un bruissement assez fort se fait entendre dans l'appareil ; l'arsenic qui se dépose reste en suspension dans le liquide et n'adhère pas à la paroi du tube à essai. Il ne forme donc pas de couche mauvaise conductrice capable d'interrompre le courant.

Les résultats de l'expérience sont différents suivant que le fluorure d'arsenic que l'on emploie a été ou n'a pas été rectifié après sa préparation. Nous n'avons pas besoin de rappeler que le fluorure d'arsenic doit être conservé à l'abri de l'humidité, que c'est un corps hygroscopique et miscible avec l'eau en toutes proportions.

Lorsque l'on soumet à un courant électrique intense le fluorure d'arsenic non rectifié, en même temps que l'arsenic se dépose, il se dégage d'une façon continue un corps gazeux n'agissant pas sur le silicium amorphe ou cristallisé, et ne décomposant pas l'iodure de potassium sec ou en solution. Ce gaz présente toutes les propriétés de l'oxygène ; il est comburant, s'absorbe par le phosphore à froid et à chaud et se combine dans l'eudiomètre avec 2 volumes d'hydrogène pour fournir de l'eau.

Les analyses suivantes, exécutées sur des échantillons de gaz recueillis à la fin de l'expérience, démontrent bien que l'on obtient dans ce cas un dégagement lent, mais régulier, d'oxygène pur :

	I.	II.
Recueilli sur l'eau	17,2	24,6
Après potasse	17,2	24,6
Après acide pyrogallique + potasse	0,6	0,3

Le gaz restant était incombustible.

Il a été possible, dans une semblable expérience, d'obtenir environ 300^{cc} à 400^{cc} d'oxygène. Comme le gaz recueilli ne renferme pas d'hydrogène, il est à penser qu'il existe, mélangé au trifluorure, un oxyfluorure d'arsenic qui se décompose dans cette électrolyse.

Si, en effet, l'on répète l'expérience avec du trifluorure d'arsenic dont le point d'ébullition soit de 63°, les résultats sont tout différents.

La décomposition du fluorure se produit bien d'une façon continue : nous trouverons dans le tube à essais un dépôt pulvérulent d'arsenic ; mais il ne se dégagera aucun gaz. Un manomètre placé à la suite de l'appareil n'indiquera pas d'augmentation de pression.

Pour nous rendre compte de cette expérience, nous avons alors repris le dispositif du creuset de platine que nous avons décrit au début de ce Chapitre, et nous avons regardé ce qui se produisait. Aussitôt que le courant de 70 éléments traverse le liquide, l'arsenic se dépose sur la paroi de platine et d'abondantes bulles gazeuses se forment autour de la tige de platine. Seulement on peut voir ces bulles diminuer de diamètre à mesure qu'elles traversent le fluorure d'arsenic, de sorte que, lorsqu'elles arrivent à la surface du liquide, elles n'ont plus qu'un volume presque imperceptible.

La décomposition du fluorure d'arsenic se produit donc bien, mais le gaz formé autour de l'électrode négative est absorbé aussitôt par le trifluorure qui, sans doute, passe à l'état de pentafluorure.

L'expérience pourrait-elle être continuée avec succès lorsque la majeure partie du trifluorure sera transformée en pentafluorure ? Cela n'est pas probable. Il est à croire que ce pentafluorure, si l'on pouvait ainsi le produire en assez grande quantité, réagirait à son tour sur l'arsenic pulvérulent qui est en suspension dans le liquide et l'attaquerait pour régénérer du trifluorure.

Nous étions arrivé dès lors à comprendre et à expliquer l'action du courant sur le trifluorure d'arsenic ; ayant essayé vainement de préparer par des procédés chimiques un pentafluorure d'arsenic, il ne nous restait plus qu'à continuer ces recherches sur un autre composé fluoré.

J'ajouterai que, si cette étude, poursuivie pendant longtemps, ne m'a pas donné le fluor, elle m'a fourni de précieux renseignements sur l'électrolyse des composés fluorés liquides ; elle m'a habitué à ces expériences délicates et m'a conduit enfin à la décomposition de l'acide fluorhydrique anhydre.

CHAPITRE IV.
ÉLECTROLYSE DE L'ACIDE FLUORHYDRIQUE RENFERMANT DU FLUORHYDRATE DE FLUORURE DE POTASSIUM, ET ISOLEMENT DU FLUOR.

Il était impossible d'utiliser, dans ces nouvelles recherches, l'appareil qui nous avait servi (*fig.* 3) dans l'électrolyse du fluorure d'arsenic. L'acide fluorhydrique étant formé de deux corps gazeux, l'hydrogène et le fluor, il fallait les séparer au moment même de leur production. Nous avons alors employé un tube en U, en platine, dont chaque branche était fermée par un bouchon de liège enduit de paraffine. Ces deux bouchons portaient, suivant leur axe, une tige de platine qui amenait le courant et qui s'arrêtait à environ $0^{cm},5$ de la partie arrondie du tube en U. Sur chaque branche et au-dessous du bouchon était soudé un petit tube abducteur en platine, qui devait permettre aux gaz produits de se dégager. Enfin, comme l'acide fluorhydrique anhydre bout à 19°,4 et qu'il était très important de faire passer le courant dans un liquide dont la température fût aussi éloignée que possible de son point d'ébullition, l'appareil était plongé dans un bain de chlorure de méthyle. On sait que cet éther se maintient en ébullition tranquille à -23° et qu'en activant son opération par un courant d'air sec, on peut l'amener avec facilité à -50°. Dans ces conditions, la différence de température entre +19°,5 et -50° est telle, que l'on peut tenter l'électrolyse sans craindre de noyer le gaz produit dans un grand excès de vapeurs d'acide fluorhydrique.

De plus, si le fluor est un élément possédant de grandes affinités chimiques, il est naturel de chercher à les atténuer autant que possible par une notable diminution de température.

Lorsque l'acide fluorhydrique (et nous verrons plus loin quels soins demande sa préparation) renferme une petite quantité d'eau, soit par manque de soin, soit qu'on l'ait ajouté avec intention, il se dégage tout d'abord, au pôle positif, de l'ozone qui n'exerce aucune action sur le silicium cristallisé. Au fur et à mesure que l'eau contenue dans l'acide est ainsi décomposée, on remarque, grâce à un ampère-mètre placé dans le circuit, que la conductibilité du liquide décroît rapidement. Avec de l'acide fluorhydrique absolument anhydre, le courant ne passe plus. Dans plusieurs de nos expériences, nous sommes arrivé à obtenir un acide anhydre tel, qu'un courant de 35 ampères fourni par 50 éléments Bunsen était totalement arrêté pendant quatre heures.

Ce fait avait été établi d'ailleurs par Faraday, vérifié par M. Gore et par d'autres savants.

En résumé, cette expérience nous démontre :

1° Que l'acide fluorhydrique anhydre ne conduit pas le courant ;

2° Que si l'acide fluorhydrique contient une petite quantité d'eau, cette dernière est décomposée tout d'abord et qu'il ne reste finalement dans l'appareil qu'un acide anhydre.

Nous souvenant alors des expériences tentées sur le fluorure d'arsenic, nous avons additionné l'acide fluorhydrique de fluorhydrate de fluorure de potassium bien sec. Nous rappellerons que les analyses de ce composé, faites par Berzélius, par M. Fremy, par M. Gore et par M. Guntz, conduisent exactement à la formule HFl, KFl.

Si, dans un creuset de platine contenant l'acide anhydre, on ajoute des fragments de fluorhydrate, on les voit disparaître avec rapidité. Le fluorhydrate de fluorure de potassium est très soluble dans l'acide fluorhydrique anhydre.

Plaçons ce liquide dans le petit appareil que nous avons décrit précédemment et faisons passer le courant. On remarque de suite qu'un corps gazeux se produit à chaque électrode. Un manomètre mis en communication avec le tube abducteur de la branche positive démontre nettement que le dégagement de gaz est continu. Cependant le silicium cristallisé placé auprès de l'ouverture du tube ne prend pas feu.

Il se produit par le petit tube de platine correspondant au pôle négatif un dégagement régulier d'hydrogène pur, ne colorant pas une solution de pyrogallate de potasse.

Ce qui nous a frappé tout d'abord, dans cette expérience, c'est que, après quinze minutes, après soixante minutes, un courant de 35 ampères passait avec la même facilité ; la décomposition était continue. Nous étions loin déjà de nos premières expériences sur le fluorure d'arsenic.

L'appareil fut démonté une heure plus tard ; le bouchon de liège enduit de paraffine qui se trouvait fermer la branche négative et qui avait été en contact d'hydrogène saturé de vapeurs d'acide fluorhydrique était absolument intact. L'autre bouchon, au contraire, était carbonisé sur une profondeur d'au moins 1^{cm}. Cette expérience me parut très concluante ; il s'était dégagé au pôle positif un gaz qui avait agi sur le liège d'une façon beaucoup plus active que le chlore, qui l'avait détruit pour s'emparer de l'hydrogène. L'électrode positive de platine était fortement corrodée, mais la partie annulaire du tube de platine se trouvant au-dessus du niveau de l'acide fluorhydrique ne paraissait pas endommagée. La tige de platine du pôle négatif n'avait pas été attaquée ; on distinguait très bien à sa surface les stries parallèles dues à la filière.

Évidemment un corps gazeux doué de propriétés énergiques avait été produit au pôle positif. J'arrivai ainsi, après trois années de recherches, à la première expérience importante sur l'isolement du fluor.

Je fis faire aussitôt des bouchons en fluorine, qui entraient à frottement doux dans les branches du tube et qui laissaient passer suivant leur axe les électrodes de platine. Lorsque ces bouchons étaient ajustés, on les enduisait de gutta-percha fondue. Le tube en U contenant de l'acide fluorhydrique comme précédemment, l'expérience fut répétée. Le courant passa tout aussi bien ; mais, après quelques minutes, la gutta-percha, qui se trouvait du côté de l'électrode positive, fut liquéfiée sur certains points et mise hors de service. On fit l'expérience à nouveau avec de la gomme laque : le résultat fut identique. On tenta différents essais, qui tous furent inutiles ; et, comme chaque expérience exigeait la préparation d'acide fluorhydrique anhydre pur et la mise en marche d'une pile de 30 à 50 éléments, on comprendra aisément le temps perdu par ces expériences préliminaires. L'acide fluorhydrique est en effet un liquide qui attire l'humidité de l'air avec tant d'énergie, qu'il est très difficile de le conserver à l'état anhydre dans un flacon de platine. Comme nous avions besoin dans ces expériences d'un acide absolument exempt d'eau, je m'étais donc arrêté au seul procédé possible, celui qui consiste à le préparer au moment même de chaque expérience.

N'espérant pas trouver d'isolant convenable, je pensai alors à employer une fermeture gazeuse et à visser les bouchons sur l'ouverture de chaque branche du tube en U. J'estimais que la gaine gazeuse comprise dans le pas de vis empêcherait le gaz actif dégagé au pôle positif de se rendre jusqu'au corps isolant, et j'espérais ainsi obtenir une fermeture hermétique ne présentant que des surfaces de fluorine et de platine.

Description de l'appareil.

L'appareil se compose d'un tube de platine (*fig.* 4) deux fois recourbé à angle droit de $1^{cm},5$ de diamètre et d'une hauteur de $9^{cm},5$. Les deux extrémités sont fermées par des bouchons à vis formés d'un cylindre de spath fluor serti avec soin dans un cylindre creux de platine portant un pas de vis extérieur. Ce pas de vis compte 14 spires sur une hauteur de 12^{mm} (*fig.* 4). Chaque cylindre de fluorine laisse passer en son axe une tige carrée de platine de 2^{mm} de côté et de 12^{cm} de long, s'arrêtant à environ 3^{mm} du fond du tube. Cette tige est en platine iridié à 10 pour 100 d'iridium, cet alliage étant moins attaquable que le platine pur ; elle plonge, par son extrémité inférieure, dans le liquide à électrolyser. Enfin deux tubes abducteurs en platine, soudés à chaque branche du tube en U, un peu au-dessous des bouchons et au-dessus par conséquent du niveau du liquide, permettaient au gaz dégagé par l'action du courant de s'échapper au dehors.

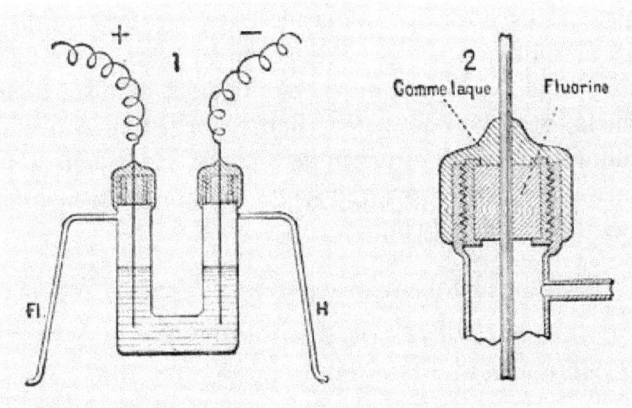

Fig. 4.

Cet appareil de platine était maintenu au moyen d'un bouchon de liège dans un vase cylindrique de verre rempli de chlorure de méthyle (*fig.* 5). Deux tubes permettent, l'un l'arrivée d'un courant d'air sec, l'autre une absorption plus ou moins rapide déterminée par une trompe. Lorsque le tube amenant l'air sec plonge dans le chlorure de méthyle, il est facile, en activant l'évaporation, d'obtenir un froid de -50° ; lorsque, au contraire, ce tube ne fait qu'affleurer le liquide et que le courant d'air est modéré, on maintient l'éther à une température constante de -23°. Aussitôt que le niveau du chlorure de méthyle baissait dans le manchon de verre, on détachait le tube de caoutchouc amenant l'air sec et, au moyen d'un entonnoir, on remplissait de nouveau l'appareil. On peut aussi, et cela est plus commode, réunir le siphon à l'appareil, grâce à un tube épais de caoutchouc, et le maniement de la vis du siphon permet d'amener le chlorure de méthyle liquide dans le manchon de verre. On évite dans ce cas de répandre dans l'air d'abondantes vapeurs de chlorure de méthyle, qui finissent par incommoder, surtout lorsque l'expérience doit durer plusieurs heures. Nous ajouterons qu'il est indispensable de disposer l'appareil sous une hotte pourvue d'un bon tirage et dans une pièce suffisamment aérée.

Les deux tiges de platine iridié servant d'électrode étaient mises en communication, au moyen d'un gros fil de platine contourné en spirale, avec les conducteurs de la pile. Deux tiges de verre, disposées ainsi que l'indique la *fig.* 5, supportaient deux petits cylindres de cuivre qui, au moyen de vis de pression, réunissaient les fils conducteurs. Un commutateur Bertin permettait d'interrompre le courant à volonté, et un ampère-mètre, placé dans le circuit, fournissait des indications suffisantes sur l'intensité du courant et sur la conductibilité du liquide.

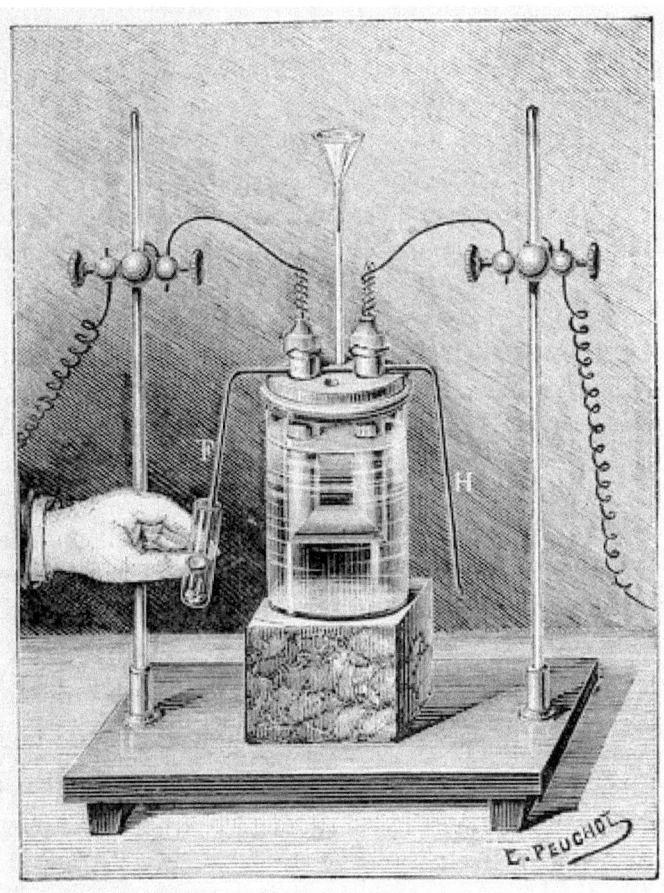

Fig. 5.

Préparation du fluorhydrate de fluorure de potassium et de l'acide fluorhydrique anhydre.

Nous avons préparé l'acide fluorhydrique, par le procédé de M. Fremy, en prenant les plus grandes précautions pour obtenir ce composé anhydre.

On choisit un volume connu d'acide fluorhydrique du commerce, préparé avec soin, et l'on en neutralise le quart au moyen d'une solution de potasse à l'alcool, ou mieux de carbonate de potasse pur obtenu au moyen du bicarbonate. Les deux parties sont ensuite mélangées, et l'on distille au bain d'huile à 120° dans une cornue de plomb. À cette température le fluosilicate de potasse n'est pas décomposé et l'on recueille un acide débarrassé de la silice que l'acide fluorhydrique du commerce renferme en notable quantité[1].

Cet acide est alors divisé en deux parties, et l'on en sature exactement la moitié par du carbonate de potasse pur. La solution de fluorure neutre de potassium ainsi obtenue est additionnée de l'autre portion d'acide fluorhydrique et transformée en fluorhydrate de fluorure. Ce dernier sel est desséché au bain-marie à 100°, et la capsule de platine qui le contient est placée ensuite dans le vide en présence d'acide sulfurique concentré et de deux ou trois bâtons de potasse fondue au creuset d'argent. L'acide et la potasse sont remplacés tous les matins pendant quinze jours, et le vide est toujours maintenu dans les cloches à $0^m,02$ de mercure environ.

Il faut avoir soin, pendant cette dessiccation, de pulvériser le sel chaque jour dans un mortier de fer, afin de renouveler les surfaces ; lorsque le fluorhydrate ne contient plus d'eau, il tombe en poussière et peut alors servir à préparer l'acide fluorhydrique. Il est à remarquer que le fluorhydrate de fluorure de potassium bien préparé n'est pas déliquescent comme le fluorure.

Ce fluorhydrate sec est introduit rapidement dans un alambic en platine, que l'on a séché en le portant au rouge peu de temps auparavant. On le maintient à une douce température pendant une heure ou une heure et demie, de façon que la décomposition commence très lentement ; on perd cette première portion d'acide fluorhydrique formé, qui entraîne avec elle les petites traces d'eau pouvant rester dans le sel. Le récipient de platine est alors adapté à la cornue, et l'on chauffe plus fortement, tout en conduisant la décomposition du fluorhydrate avec une certaine lenteur (fig. 6). On entoure ensuite ce récipient d'un mélange de glace et de sel, et, à partir de ce moment, tout l'acide fluorhydrique est condensé et fournit un liquide limpide, bouillant à 19°,4, très hygroscopique et produisant, comme l'on sait, d'abondantes fumées en présence de l'humidité de l'air.

L'acide fluorhydrique obtenu avec cet appareil renferme parfois une petite quantité de fluorure alcalin qui a été entraînée par les vapeurs acides au moment de la décomposition du sel. Nous n'avons pas cherché à éviter la présence de ce fluorure puisqu'il permet de rendre l'acide conducteur. Lorsque l'on veut obtenir l'acide fluorhydrique pur il faut employer un alambic en platine beaucoup plus grand, mis en communication avec un long tube de platine que l'on ne refroidit pas et que l'on maintient incliné du côté de la cornue. Les vapeurs acides se rendent ensuite dans un flacon de platine dont la base seulement est entourée de glace.

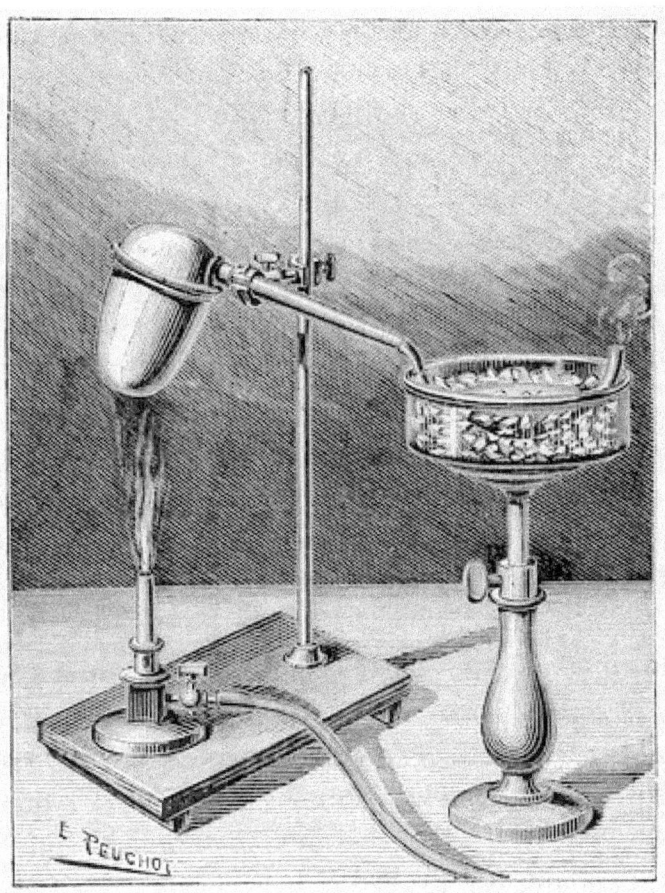

Fig. 6.

Conduite de l'expérience.

Pendant la préparation de l'acide fluorhydrique, le tube en U en platine et les électrodes ont été desséchés à l'étuve à la température de 120°. On introduit ensuite dans l'appareil environ 6 à 7^{gr} de fluorhydrate de fluorure de potassium bien privé d'eau. Les bouchons sont vissés avec soin et recouverts d'une couche de gomme laque que l'on rend facilement uniforme en la chauffant avec une petite flamme effilée. Le tube en U est fixé au moyen d'un bouchon de liège dans le vase de verre cylindrique et, jusqu'au moment de l'introduction de l'acide fluorhydrique, les tubes abducteurs sont reliés à des éprouvettes desséchantes contenant de la potasse fondue. On fait enfin arriver le chlorure de méthyle, que l'on maintient en ébullition tranquille, c'est-à-dire à -23°. Une température plus faible de -10°, par exemple, est insuffisante ; les gaz dégagés à chaque pôle sont alors noyés dans un excès de vapeurs acides.

Pour faire pénétrer l'acide fluorhydrique dans ce petit appareil, on peut l'absorber par l'un des tubes latéraux, au moyen de l'aspiration produite par une fontaine à mercure, soit dans le récipient même où il s'est condensé, soit dans un petit creuset de platine. Nous avons employé dans chaque expérience de 15 à 16^{gr} d'acide.

Dans quelques expériences, nous avons condensé directement l'acide fluorhydrique dans le tube en U, entouré de chlorure de méthyle ; mais, dans ce cas, on doit veiller avec soin à ce que les tubes ne s'obstruent pas par de petites quantités de fluorhydrate entraîné, ce qui amène infailliblement une explosion ou des projections toujours très dangereuses avec un liquide aussi corrosif.

Aussitôt que l'on fait passer le courant dans l'appareil, un dégagement gazeux régulier se produit à chaque pôle. Au pôle négatif, on obtient de l'hydrogène brûlant avec une flamme presque invisible, en fournissant de la vapeur d'eau, et dont les caractères peuvent être déterminés avec facilité. Au pôle positif, il se dégage un gaz incolore, doué d'une très grande activité chimique, dont nous étudierons les propriétés dans le Chapitre suivant[2].

Au début de ces recherches, nous avions employé le courant produit par 50 éléments Bunsen grand modèle. Nous nous sommes aperçu bien vite que des courants d'une aussi grande intensité étaient inutiles et même nuisibles par l'élévation de température qu'ils déterminent. Le courant fourni par 20 éléments Bunsen est suffisant. Je citerai comme exemple l'expérience suivante, qui a fourni de très bons résultats. Commencée à 11^h30^m, le courant donnait 21 ampères. En intercalant l'appareil dans le circuit, on ne trouvait plus que 4 ½ ampères. À 2^h30^m, le courant indiquait encore 16 ampères et pendant la décomposition 3 ½ ampères.

Lorsque l'expérience a duré plusieurs heures et que la quantité d'acide fluorhydrique liquide restant au fond du tube n'est plus suffisante pour séparer les deux gaz, ils se recombinent à froid dans l'appareil avec une violente détonation.

Après l'expérience, si l'on démonte l'appareil, on voit que l'acide fluorhydrique contient en dissolution une petite quantité de fluorure de platine. De plus, une boue noire se trouve en suspension dans le liquide ; cette substance est formée d'un mélange d'iridium et de platine. L'électrode négative n'a pas été attaquée, mais la tige de platine formant le pôle positif est corrodée et se termine en pointe. En général, elle ne peut servir plus de deux fois.

Nous ajouterons aussi que, dans l'électrolyse de l'acide fluorhydrique, on peut obtenir à chaque pôle, en opérant dans de bonnes conditions, un rendement de $1^{lit},5$ à 2^{lit} par heure. L'expérience peut durer facilement trois heures, en l'arrêtant de temps en temps, si l'on emploie une quantité suffisante d'acide fluorhydrique.

Nous avons vu précédemment que le courant n'avait pas d'action sur l'acide fluorhydrique pur. Aussitôt, au contraire, que ce liquide contient du fluorure de potassium en dissolution, la décomposition se produit. Il est probable que ce dernier sel est dédoublé en fluor qui se dégage au pôle positif, et en potassium qui se rend au pôle négatif. Ce métal, aussitôt sa mise en liberté, décompose une portion de l'acide fluorhydrique qui l'entoure, avec dégagement d'hydrogène et en régénérant du fluorure de potassium. C'est ainsi qu'un poids très faible de fluorhydrate de fluorure peut servir à décomposer une quantité beaucoup plus grande d'acide fluorhydrique.

Cependant, pour que l'électrolyse se produise dans de bonnes conditions, il est préférable d'ajouter une assez grande quantité de fluorhydrate de fluorure de potassium. Nous avons indiqué déjà que ce sel était très soluble dans l'acide fluorhydrique anhydre. Il se forme dans ce cas un composé cristallisé plus riche en acide fluorhydrique que le fluorhydrate de fluorure et qui n'abandonne pas d'acide à +19°,4, température d'ébullition de l'acide anhydre. C'est cette combinaison que l'on doit toujours chercher à obtenir pour faire des expériences d'électrolyse ; elle est très soluble dans l'acide fluorhydrique, et le liquide ainsi obtenu est bon conducteur de l'électricité.

On pense bien qu'aussitôt les faits précédents connus nous avons essayé d'électrolyser le fluorhydrate de fluorure de potassium. Ce sel, préparé avec soin et ne renfermant pas de fluorure, peut fondre à une température assez basse, voisine de 140°. Il fournit alors un liquide incolore, un peu épais, se prêtant à des essais d'électrolyse.

L'expérience peut se faire dans le tube en U que nous avons décrit plus haut, et l'on recueille au pôle positif un gaz se combinant au silicium avec incandescence. Seulement le fluorhydrate fondu se boursoufle beaucoup sous l'action du courant, une partie se dégage par les tubes abducteurs. De plus, à cette température de 140°, le platine est très fortement attaqué, et nous avons dû arrêter la décomposition, de peur de mettre hors d'usage notre appareil en platine.

Si l'on fait plonger des fils de platine amenant le courant de 10 éléments Bunsen dans du fluorhydrate de fluorure de potassium, maintenu liquide dans une capsule de platine, on voit les gaz se dégager en abondance à chaque pôle, et, lorsqu'ils sont en contact, produire aussitôt, même à l'obscurité, une petite détonation. Les fils de platine sont rongés en quelques minutes.

À propos de la disposition même de notre appareil en platine servant à l'électrolyse de l'acide fluorhydrique, il était à prévoir que l'on pourrait faire, au point de vue physique, l'objection suivante : N'est-il pas à craindre que le courant, au lieu de traverser le liquide à électrolyser, ne passe entre la tige et la paroi de platine, et que dans chaque branche du tube en U il ne se dégage un mélange des deux gaz fluor et hydrogène ?

Pour obvier à cet inconvénient, j'ai toujours eu soin que l'extrémité des tiges de platine soit à une distance du fond de l'appareil plus faible que la distance de l'axe du tube à la paroi de platine. Cependant, même lorsque cette précaution n'est pas prise, l'électrolyse de l'acide fluorhydrique fournit toujours du côté négatif de l'hydrogène pur et du côté positif un autre gaz dont les propriétés sont entièrement différentes de celles de l'hydrogène.

Si l'on vient, pour se rendre compte de la marche de l'appareil, à électrolyser, dans le tube en U, de l'eau rendue bonne conductrice du courant par de l'acide sulfurique, les résultats sont tout différents. On obtient à chaque pôle un mélange d'oxygène et d'hydrogène, non pas dans les rapports de 1 à 2, mais tel que, du côté positif, il y a excès d'oxygène, et, du côté négatif, excès d'hydrogène.

Cette différence entre les deux expériences électrolytiques tient, selon nous, à deux causes. Lorsque l'on électrolyse de l'eau, le mélange d'hydrogène et d'oxygène formé à chaque pôle ne se recombine pas et se dégage tel quel. Nous verrons plus loin que le gaz actif produit au pôle positif possède la propriété de se combiner à l'hydrogène à froid et à l'obscurité. Par conséquent, dans un semblable mélange, il ne pourra être mis en liberté que l'excès de l'un des deux gaz. Si, du côté négatif, en même temps que de l'hydrogène, il se dégage un peu de fluor, ce dernier prendra aussitôt ce qu'il lui faut d'hydrogène pour régénérer de l'acide fluorhydrique, et il ne sortira par le tube abducteur que l'excès d'hydrogène. Cette action secondaire diminuera alors le rendement, mais permettra encore la décomposition.

La seconde cause qui rend l'électrolyse possible est la suivante.

Lorsqu'on a soin d'ajouter dans l'acide fluorhydrique à électrolyser plusieurs grammes de fluorhydrate de fluorure de potassium qui s'y dissolvent très bien, il se produit sur la paroi de platine qui se trouve à -23° un dépôt cristallin d'une combinaison d'acide fluorhydrique et de fluorhydrate de fluorure, dépôt qui forme une gaine solide, à l'intérieur de laquelle l'électrolyse se produit. C'est ce qui explique que dans une seule expérience la tige de platine du pôle positif soit complètement corrodée, tandis que le tube de platine ne perd de son poids qu'une quantité inappréciable. Si, à la place de 6^{gr} à 7^{gr} de fluorhydrate, nous n'ajoutons dans l'acide à électrolyser que 0^{gr},1 dc ce sel, la décomposition se produit encore, mais de petites détonations indiquent tout le temps de l'expérience que le fluor et l'hydrogène se recombinent dans l'appareil, et les rendements, dans ce cas, sont excessivement faibles.

On se rend compte de l'existence de cette couche solide, déposée sur la paroi de platine, en démontant l'appareil au milieu d'une expérience, lorsqu'il est encore plongé dans le chlorure de méthyle[3].

Propriétés du gaz recueilli au pôle positif.

Ainsi que nous venons de le voir précédemment, la décomposition de l'acide fluorhydrique renfermant du fluorhydrate de fluorure de potassium se produit d'une façon continue sous l'action d'un courant électrique. Il se dégage alors : au pôle négatif, un gaz brûlant avec une flamme incolore, et présentant tous les caractères de l'hydrogène ; au pôle positif, un gaz incolore, d'une odeur pénétrante, très désagréable, se rapprochant de celle de l'acide hypochloreux et irritant rapidement la muqueuse de la gorge et les yeux.

Ce gaz est doué de propriétés très énergiques.

Pour étudier son action sur les corps solides, il suffit de les placer dans un petit tube de verre et de les approcher de l'extrémité du tube de platine voisin de l'électrode positive. On peut aussi répéter ces expériences en mettant de petits fragments des corps à étudier sur le couvercle d'un creuset de platine maintenu auprès de l'ouverture du tube abducteur.

Le soufre fond et s'enflamme de suite au contact de ce gaz. Il en est de même du sélénium. Le tellure s'y combine avec incandescence, en produisant d'abondantes fumées. En même temps, ce dernier métalloïde se recouvre d'une couche de fluorure solide qui modère la réaction. Ce fluorure est volatil et très hygroscopique.

Le phosphore prend feu et le tube dans lequel se fait l'expérience, fermé avec le doigt, puis retourné sur le mercure, fournit un gaz absorbable par l'eau, oxyfluorure ou pentafluorure, et un gaz absorbable par la potasse, trifluorure de phosphore.

L'arsenic et l'antimoine en poudre se combinent à ce corps gazeux avec incandescence. Dans le cas de l'arsenic, en faisant durer l'expérience quelques minutes, il se condense sur la partie froide du tube un liquide fumant, incolore, présentant les propriétés du trifluorure d'arsenic. Il dissout l'iode, attaque le verre à chaud, est miscible avec l'eau d'où l'on peut précipiter l'arsenic par l'hydrogène sulfuré.

Un fragment d'iode mis en présence du gaz s'y combine avec une flamme pâle en perdant sa couleur. Dans une atmosphère de vapeurs d'iode, le gaz brûle avec flamme. La vapeur de brome perd aussi sa couleur foncée, et la combinaison se produit parfois avec détonation.

Le carbone semble être sans action.

Le silicium cristallisé, froid, devient incandescent au contact de ce gaz, brûle avec beaucoup d'éclat, parfois avec étincelles. Le tube bouché avec le doigt et porté sur la cuve à eau indique une absorption assez grande avec dépôt de silice. L'expérience peut être faite différemment. On adapte à l'extrémité du tube abducteur un petit tube de platine deux fois recourbé à angle droit et rempli de cristaux de silicium, puis on recueille le gaz sur le mercure ; il fournit tous les caractères du fluorure de silicium. Si l'on arrête la réaction avant la disparition totale du silicium, on voit que les fragments qui restent sur la lame de platine ont été fondus.

Le bore adamantin de Deville brûle également en présence de ce gaz, mais avec plus de difficulté que le silicium. La petite quantité de carbone et d'aluminium qu'il renferme entrave la combinaison. Cependant le bore cristallisé, réduit en poudre, devient complètement incandescent, et le gaz produit fume beaucoup à l'air.

Nous avons vu précédemment que, lorsque l'acide fluorhydrique n'était pas en assez grande quantité dans l'appareil en platine, les gaz isolés dans chaque branche, hydrogène et gaz actif, se recombinaient aussitôt en produisant une violente détonation. L'expérience étant en marche, il suffit, du reste, d'intervertir le courant pour amener de suite une détonation. Aussitôt que l'hydrogène se trouve au contact du gaz actif, la combinaison s'effectue. Comme on pouvait redouter dans cette expérience la présence du platine, nous avons opéré de la façon suivante : un tube à entonnoir, tel que ceux que l'on emploie pour la tubulure médiane d'un flacon de Woolf, était retourné et laissait échapper un courant continu d'hydrogène. La vitesse du courant dans la partie évasée du tube était donc assez lente. On approche à la température ordinaire l'orifice de ce tube à entonnoir, toujours retourné, de l'extrémité de l'ajutage en platine du pôle positif. Aussitôt une légère détonation a lieu et l'hydrogène s'enflamme. Il faut avoir soin, à ce moment, de bien refroidir le tube en U de façon que le gaz actif n'entraîne pas un excès de vapeurs acides. On peut encore, un instant avant de faire l'expérience, chauffer légèrement avec une flamme l'extrémité du petit tube de platine pour chasser l'acide fluorhydrique qui a pu s'y condenser.

Les métaux sont, en général, attaqués avec beaucoup moins d'énergie ; cela tient à la non-volatilité des combinaisons formées, la petite quantité de fluorure métallique produit empêchant l'attaque d'être plus profonde.

Le potassium et le sodium froids deviennent incandescents et fournissent les fluorures correspondants. Il en est de même du calcium qui s'entoure de suite d'une gaine blanche de fluorure insoluble.

Le magnésium et l'aluminium sont décapés, mais l'attaque ne paraît pas être énergique. Si l'aluminium est maintenu au rouge sombre, la combinaison se produit avec une vive incandescence. Le résidu examiné ensuite au microscope est formé de petits globules métalliques fondus recouverts d'une couche transparente de fluorure d'aluminium.

Le fer et le manganèse réduits en poudre et légèrement chauffés brûlent avec étincelles.

Le plomb est attaqué à froid avec formation de fluorure blanc. Il en est de même de l'étain bien décapé dont l'attaque est activée par une faible élévation de température.

En présence du mercure, absorption complète, à la température ordinaire, avec formation de protofluorure de mercure, de couleur jaune clair. Cette substance recueillie et chauffée dans un petit tube de verre fournit du mercure et du fluorure de silicium.

L'argent légèrement chauffé se recouvre d'une couche de fluorure de couleur foncée et d'aspect satiné soluble dans l'eau.

À froid, l'or et le platine ne sont pas attaqués. Chauffé à une température de 300° à 400° le platine se recouvre en présence de ce gaz d'une poussière de couleur marron. Ce composé, porté au rouge sombre, se détruit en laissant du noir de platine et régénérant un gaz capable de se combiner au silicium froid avec incandescence. L'or produit une réaction identique.

L'iodure de potassium solide, mis au contact de ce gaz, noircit aussitôt. L'iode mis en liberté peut être dissous par le chloroforme ou le sulfure de carbone, qui prennent de suite une coloration foncée. L'iodure de plomb et l'iodure de mercure sont décomposés avec incandescence. Il se dégage d'abondantes vapeurs d'iode, qui sont aussitôt transformées en fluorure, en même temps qu'il se produit du fluorure de plomb blanc dans le premier cas, et du fluorure de mercure jaune dans le second.

Un morceau de chlorure de potassium fondu est attaqué à froid avec dégagement de chlore. L'odeur de ce dernier gaz mis en liberté est très nette. On peut démontrer sa présence de la façon suivante : on enlève avec précaution le fragment de chlorure solide, puis on décante lentement le gaz dans un tube à essai plus grand. Quelques centimètres cubes d'eau distillée sont agités dans ce second tube et le liquide obtenu décolore une solution étendue de sulfate d'indigo, dissout une petite parcelle d'or et donne en présence d'azotate d'argent acide un précipité blanc, caillebotté, noircissant à la lumière et soluble dans l'ammoniaque. On sait que le fluorure d'argent est très soluble dans l'eau et les acides.

Le chlorure d'argent sec jaunit au contact de ce gaz.

Le bromure de potassium est décomposé, avec dégagement abondant de vapeurs de brome.

Le pentachlorure de phosphore est décomposé avec flamme ; il se produit d'intenses fumées blanches.

Un cristal d'iodoforme prend feu au contact du gaz ; dégagement de vapeurs d'iode.

Ce gaz actif attaque le verre sec. On a fait l'expérience en disposant à la suite du tube abducteur de platine un ajutage de même métal qui conduisait le gaz jusqu'au milieu d'un cylindre de verre d'un diamètre plus large. Un tube latéral amenait dans l'espace annulaire un courant d'azote pur, absolument desséché par son passage au travers d'un tube de fer porté au rouge et contenant de la vapeur de sodium. Le verre avait été porté à 150° au moins, puis on avait maintenu pendant deux heures le courant d'azote sec. Si l'on fait arriver alors par l'ajutage en platine le gaz produit au pôle positif de notre appareil, on voit que le verre est rapidement corrodé.

Le sulfure de carbone en présence de ce corps gazeux s'enflamme aussitôt.

Tous les composés organiques hydrogénés sont violemment attaqués. Un morceau de liège, placé auprès de l'extrémité du tube de platine par lequel le gaz se dégage, se carbonise aussitôt et s'enflamme. L'alcool, l'éther, la benzine, l'essence de térébenthine, le pétrole prennent feu à son contact.

L'eau est décomposée à froid en fournissant de l'acide fluorhydrique et de l'ozone. Pour faire cette expérience, on place l'extrémité de chaque tube abducteur de notre appareil dans une capsule de platine à moitié remplie d'eau. Des tubes à essai retournés et contenant de l'eau permettent de recueillir les gaz formés à chaque électrode. Il est très important que les deux petits tubes de platine plongent dans le liquide de quantités égales ; sans quoi les niveaux de l'acide fluorhydrique dans l'appareil ne sont plus sur un même plan horizontal, et les gaz dégagés à chaque pôle peuvent se recombiner avec explosion. Cette explosion, aussi forte que celle fournie par un coup de pistolet, peut projeter de l'acide fluorhydrique sur l'opérateur, et d'une façon invariable elle réduisait en petits éclats les tubes à essais que souvent nous tenions entre les doigts. Lorsque cette expérience est bien conduite, il se dégage au pôle négatif, comme nous l'avons dit plus haut, de l'hydrogène pur.

Au pôle positif, on recueille un gaz n'ayant pas d'action sur le verre, n'agissant pas sur le silicium, enflammant une allumette qui ne présente plus qu'un point en ignition, absorbable entièrement par le pyrogallate de potasse, brunissant le papier à l'oxyde de thallium et colorant en bleu la solution d'iodure de potassium amidonné. Ce gaz est de l'oxygène. C'est là une nouvelle réaction qui produit l'oxygène à froid, et, comme dans les décompositions faites à la même température (permanganate de potasse et bioxyde de baryum), cet oxygène est ozonisé. En même temps, si l'on examine l'eau de la capsule de platine, on reconnaît facilement qu'elle renferme de l'acide fluorhydrique.

Ainsi, sous l'action de ce nouveau corps gazeux, l'eau a été décomposée à froid ; il s'est formé de l'acide fluorhydrique et il s'est dégagé de l'oxygène ozonisé.

Henri Moissan

Si nous répétons la même expérience en remplaçant l'eau de la capsule de platine voisine du pôle positif par du tétrachlorure de carbone, et le tube de verre par une petite éprouvette en fluorine, nous obtenons un dégagement régulier d'un gaz se combinant au mercure, lentement absorbable par l'eau, et qui présente tous les caractères du chlore. Le chlorure de carbone nous présente donc un intéressant phénomène de substitution, le gaz produit au pôle positif déplaçant le chlore de ce composé.

Discussion de l'expérience.

Voyons maintenant quelles sont les conclusions que nous pouvons tirer de cette action du courant sur l'acide fluorhydrique contenant du fluorure de potassium.

On peut faire, en effet, diverses hypothèses sur la nature du gaz dégagé au pôle positif ; la plus simple serait que l'on se trouve en présence du fluor ; mais il serait possible, par exemple, que ce fût un perfluorure d'hydrogène ou même un mélange d'acide fluorhydrique et d'ozone assez actif pour expliquer l'action si énergique que ce gaz exerce sur le silicium cristallisé.

Nous nous étions assuré, dès nos premières expériences sur l'électrolyse de l'acide fluorhydrique, que le fluorhydrate de fluorure employé ne renfermait ni acide azotique, ni chlore. D'ailleurs, une petite quantité de chlorure eût-elle été mélangée au fluorure de potassium, qu'on aurait encore obtenu de l'acide fluorhydrique pur. La différence entre le point d'ébullition de l'acide chlorhydrique -80° et celui de l'acide fluorhydrique +19°,4 est trop grande pour qu'il puisse rester une trace d'acide chlorhydrique en présence d'un grand excès d'acide fluorhydrique liquide.

Pour démontrer que le gaz recueilli dans nos expériences n'est pas un mélange d'ozone formé à basse température et de vapeurs d'acide fluorhydrique, on a préparé de l'oxygène ozonisé dans l'appareil de M. Berthelot à une température de -18°. L'effluve était produite au moyen d'une forte bobine, actionnée par 4 éléments Bunsen. L'ozone était amené ensuite dans un petit récipient de platine contenant de l'acide fluorhydrique liquide à -20°. Le mélange gazeux que l'on obtient dans ces conditions n'agit pas sur l'iode, le soufre, le chlorure de potassium fondu ni sur le silicium cristallisé.

Ainsi un mélange d'ozone préparé à -18° et de vapeurs d'acide fluorhydrique ne donne aucune des réactions indiquées plus haut.

Du reste, dans notre électrolyse de l'acide fluorhydrique, nous avons produit souvent un semblable mélange d'ozone et de vapeurs acides lorsque l'acide employé renfermait encore une petite quantité d'eau. Dans ce cas, au début de la décomposition, lorsque, au pôle positif, il se dégageait de l'ozone (ozone obtenu parfois à -50°), jamais le silicium n'a été attaqué.

Dans une de nos expériences, nous avons ajouté une très petite quantité d'eau à l'acide ; aussitôt nous avons eu au pôle positif, à une température de -45°, une abondante production d'ozone, ne ternissant pas le silicium, n'agissant pas à froid sur l'iode, sur le soufre, sur le chlorure de potassium fondu.

L'hypothèse que le gaz actif serait un mélange d'ozone et de vapeurs d'acide fluorhydrique doit donc être écartée.

Ce gaz pourrait être une combinaison d'hydrogène et de fluor plus fluorée que l'acide fluorhydrique. En un mot, ne se trouverait-on pas en présence d'un perfluorure d'hydrogène. On peut démontrer que le gaz obtenu dans nos expériences n'est pas une combinaison d'hydrogène et de fluor de la façon suivante : admettons pour un instant que, sous l'action du courant, l'acide fluorhydrique se dédouble en hydrogène et en fluor

$$HFl = H + Fl.$$

4 vol.   2 vol.   2 vol.

Si nous recueillons dans de l'eau le gaz produit à chaque pôle, nous pourrons mesurer l'hydrogène formé au pôle négatif. Nous n'obtiendrons pas le gaz actif au pôle positif ; mais, comme nous l'avons vu précédemment, l'eau sera décomposée et il se dégagera de l'oxygène. Or, la décomposition sera différente suivant que nous ferons agir sur l'eau le fluor ou un perfluorure de formule HFl^2 par exemple.

Dans le cas du fluor, nous aurions

$$\underbrace{Fl}_{2\ vol.} + \underbrace{HO}_{2\ vol.} = \underbrace{HFl}_{4\ vol.} + \underbrace{O.}_{2\ vol.}$$

Dans l'hypothèse d'un perfluorure,

$$\underbrace{HFl^2}_{4\ vol.} + \underbrace{HO}_{2\ vol.} = \underbrace{2\ HFl}_{8\ vol.} + \underbrace{O.}_{2\ vol.}$$

Le volume d'oxygène mis en liberté doit être le même dans les deux réactions, mais la quantité d'acide fluorhydrique produite est double dans la seconde, de telle sorte que si nous pouvions titrer cet acide fluorhydrique qui se dissout dans l'eau, au moment de la décomposition de ce liquide, la proportion varierait du simple au double, suivant que nous serions en présence du fluor ou d'un bifluorure d'hydrogène.

Cette expérience était assez délicate à réaliser. Nous avons vu plus haut, à propos de la décomposition de l'eau par le gaz produit au pôle +, quelles étaient les précautions à prendre pour maintenir les niveaux de l'acide fluorhydrique sur un même plan horizontal dans les deux branches du tube en U.

On commençait par laisser fatiguer la pile, de façon à avoir un courant bien constant et ne dépassant pas 16 ampères. Lorsque l'appareil avait marché pendant environ une heure, on emplissait complètement le cylindre de verre, de chlorure de méthyle, et l'on amenait la température à environ -40°.

CHAPITRE IV.

Deux tubes en verre, gradués en dixièmes de centimètre cube avaient été, la veille, recouverts d'une couche de vernis à l'intérieur et à l'extérieur au moyen d'une solution de gomme laque dans l'alcool. Un courant d'air sec avait entraîné toute la vapeur d'alcool.

Ces tubes étaient remplis d'eau distillée et chacun d'eux retourné sur une capsule de platine contenant de l'eau. À un moment donné, les deux tubes étaient disposés en même temps au-dessus des ajutages de platine. On recueillait les gaz se dégageant à chaque pôle ; puis, sans arrêter le courant, on enlevait simultanément les tubes gradués maintenus verticaux dans les capsules de platine.

On lisait le volume gazeux recueilli à chaque pôle, on levait les tubes de façon à laisser couler le liquide qu'ils contenaient ; on rinçait chacun d'eux avec quelques centimètres cubes d'eau distillée et, après addition d'une goutte d'orthophénol, l'acide fluorhydrique était titré dans chaque capsule de platine. Il n'y avait pas eu de contact entre le verre et l'acide fluorhydrique ; après lavage à l'alcool, les tubes n'étaient pas dépolis.

L'hydrogène qui s'était dégagé au pôle négatif s'était chargé d'une certaine quantité de vapeurs d'acide fluorhydrique ; on peut admettre, la température de l'appareil étant uniforme, que la quantité d'acide ainsi entraînée est la même à chaque pôle, de sorte que, si nous retranchons le poids de l'acide entraîné par l'hydrogène de celui formé au pôle positif, nous aurons très approximativement l'acide fluorhydrique produit par la décomposition de l'eau.

Voici les résultats de cette expérience :

Au pôle +, gaz ramené à 0° et à 760	$9^{cc},6$
Au pôle -, gaz ramené à 0° et à 760	$23^{cc},0$
	Divisions.
Au pôle +, le liquide titrait	153
Au pôle -, le liquide titrait	33

107 divisions de la liqueur alcaline correspondent à $0^{gr},1$ d'acide sulfurique de formule SO^3HO.
Or

$$0,1 \, SO^3HO : x \, HFl :: 49 : 20,$$

d'où

107	divisions	liqueur	alcaline	=	0,040816	HFl
1	»	»	»	=	0,04081/107	HFl

Si nous cherchons maintenant quelle a été la quantité d'acide fluorhydrique produite au pôle positif par la décomposition de l'eau, nous obtiendrons les chiffres suivants :

153 - 33	=	120 divisions,
	120x 0,040816/107=	0,0467 de HFl.

Comparons maintenant les volumes gazeux recueillis à chaque pôle. Nous voyons que les chiffres $9^{cc},6$ et 23^{cc} ne varient pas du simple au double. La moitié de 23 est de 11,5 ; nous avons donc une différence de 11,5 - 9,6 = 1,9. Cela tient à ce que, ainsi que nous l'avons démontré précédemment, le gaz recueilli au pôle positif est de l'oxygène ozonisé, de l'oxygène condensé. Si nous prenons en effet le volume 23^{cc} comme étant celui du fluor produit au pôle +, volume qui sera alors égal à celui de l'hydrogène, nous allons pouvoir calculer la quantité d'acide fluorhydrique formé et voir si elle correspond à la quantité trouvée expérimentalement :

23^{cc} de fluor pèseraient $0^{gr},03948$,

ce qui correspondrait à

$0^{gr},415$ d'acide fluorhydrique HFl.

Dans le cas où le gaz dégagé au pôle positif aurait pour formule HFl^2, 23^{cc} de ce gaz produiraient

0,0830 d'acide fluorhydrique.

En titrant la solution du pôle positif, nous avons trouvé qu'elle contenait

0,467 HFl,

ce qui se rapproche beaucoup plus du premier chiffre que du second. D'après cette expérience, le gaz actif serait bien le fluor et non un bifluorure d'hydrogène.

D'ailleurs, nous pouvons démontrer d'une autre façon que le

gaz obtenu ne renferme pas d'hydrogène. Faisons passer ce corps gazeux sur du fer maintenu au rouge. Dans le cas du fluor, le gaz doit s'absorber entièrement ; si nous avons préparé, au contraire, une combinaison de fluor et d'hydrogène, ce dernier gaz sera mis en liberté et pourra être recueilli dans une atmosphère d'acide carbonique dont on se débarrassera toujours facilement au moyen d'une solution de potasse.

Voici comment, sur le conseil de M. Berthelot, l'expérience a été disposée. À la suite du tube de platine (*fig.* 7), par lequel le gaz actif se dégage, on place un tube de même métal de $0^m,20$ de longueur, réuni au précédent par un pas de vis et rempli de petits fragments de fluorure de potassium absolument sec. Ce composé relient très bien les vapeurs d'acide fluorhydrique, qui produisent avec lui du fluorhydrate de fluorure de potassium. Un autre tube de platine de même longueur, s'ajustant à frottement doux sur le précédent et renfermant un faisceau de fils de fer, a été taré avant l'expérience. À ce dernier tube métallique se trouve réuni, au moyen d'une jointure en caoutchouc, un grand tube à essai en verre, puis un flacon, tous deux retournés et remplis d'acide carbonique pur. Cette partie de l'appareil a été traversée pendant cinq à six heures par un courant rapide d'acide carbonique pur et sec. Le gaz sortant a été analysé : 100^{cc} ne donnaient, après absorption par une solution de potasse, qu'une très petite bulle d'air dont le volume était négligeable.

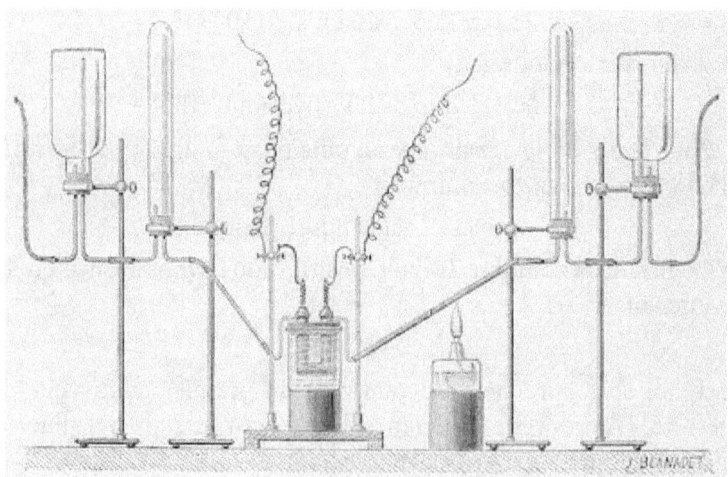

Fig. 7.

Du côté de l'hydrogène, on a disposé un tube à essai et un flacon de 1^{lit}, réunis par des tubes de verre retournés et également pleins d'acide carbonique pur. L'extrémité de chaque appareil est en communication avec l'air par un tube de caoutchouc de 2^m dont l'ouverture est relevée et placée au-dessus du niveau de l'acide carbonique dans les flacons. Grâce à ce dispositif, il est possible de recueillir sans pression et séparément les gaz qui se dégagent de l'appareil en platine, tant au pôle négatif qu'au pôle positif.

Lorsque toutes ces précautions sont prises, on fait passer le courant de 20 éléments Bunsen dans l'acide fluorhydrique entouré de chlorure de méthyle et refroidi à -50° par un rapide courant d'air. Le tube de platine contenant le fer est chauffé aussitôt au rouge sombre, et l'on remarque au travers du platine, par l'incandescence qui se produit à l'intérieur, la forme des fils de fer brûlant dans le gaz. On laisse la décomposition électrolytique se produire pendant dix minutes, en remplaçant le chlorure de méthyle s'il y a besoin. L'expérience est ensuite arrêtée, on démonte l'appareil, on pèse le tube de platine renfermant le fluorure de fer. Ce dernier se trouve à l'état de fluorure cristallisé d'un blanc légèrement verdâtre à l'extrémité des fils métalliques ; il s'est produit aussi une petite quantité de fluorure de platine. On transporte sur la cuve à eau les deux appareils remplis d'acide carbonique et ce composé est lentement absorbé par une solution de potasse. Le gaz restant est mesuré et analysé.

Première expérience.

Dans notre première expérience le poids du fer avait augmenté de $0^{gr},130$: le gaz venant du pôle négatif renfermait (ramené à 0° et à 760^{mm}) 78^{cc} d'hydrogène, brûlant avec une flamme pâle sans détonation.

L'appareil rempli d'acide carbonique placé au pôle positif n'a laissé comme résidu, après absorption par la potasse, que $10^{cc},20$ d'un gaz incombustible renfermant environ un cinquième d'oxygène. Ce volume d'air représente à peu près le volume intérieur des deux tubes de platine employés qui ont été adaptés, remplis d'air, à l'appareil producteur de fluor.

L'analyse de ce gaz a donné :

	cc
Sur la cuve à eau	10,2
Après potasse	10,2
Après pyrogallate de potasse	8

D'autre part, 78^{cc} d'hydrogène pèsent 0^{gr},006942, ce qui, multiplié par l'équivalent du fluor 19, indiquerait comme poids du fluor mis en liberté 0^{gr},132.

L'expérience nous a donné 0,130.

Le tube à essai retourné qui se trouvait du côté du pôle positif ne présentait pas trace d'humidité et n'a pas été attaqué.

En résumé, le gaz actif privé d'acide fluorhydrique par le fluorure de potassium a été entièrement absorbé par le fer porté au rouge sombre, sans dégagement d'hydrogène, et il a fourni un poids de fluorure de fer sensiblement correspondant au poids du fluor d'après le volume d'hydrogène dégagé.

Seconde expérience.

	gr
Poids du tube de platine + faisceaux fils de fer	29,339
Poids du tube après l'expérience	29,477
	———
	0,138

Après absorption de l'acide carbonique par la potasse, on a recueilli :

Au pôle négatif :

	cc
Hydrogène ramené à 0° et à 760^{mm} au pôle positif	80,01

Au pôle positif :

	cc
Gaz mesuré sur la cuve à eau	11,40
Après acide pyrogallique	9,10

80^{cc},01 d'hydrogène pèsent 0^{gr},00712, ce qui, multiplié par 19, l'équivalent du fluor, nous fournit 0,134

Comme dans l'expérience précédente, le poids du fluorure de fer obtenu correspond à celui de fluor calculé d'après le volume de l'hydrogène produit et après passage du gaz sur le fer maintenu au ronge, on n'a pas recueilli d'hydrogène.

Le gaz que nous avons produit au pôle positif de notre appareil est donc bien le fluor.

CONCLUSIONS.

Par l'électrolyse de l'acide fluorhydrique renfermant du fluorure de potassium, il a donc été possible d'isoler un nouvel élément, le fluor, et d'étudier ses principales propriétés.

Le fluor est un corps gazeux, incolore, d'une odeur très désagréable, se rapprochant de celle de l'acide hypochloreux.

Il se combine à l'hydrogène, à l'obscurité et sans élévation de température. C'est le premier exemple de deux corps simples gazeux s'unissant directement, sans exiger l'intervention d'une énergie étrangère.

Le soufre, le sélénium et le tellure s'enflamment à son contact.

Le phosphore prend feu et fournit un mélange d'oxyfluorure et de fluorures de phosphore.

L'iode s'y combine avec une flamme pâle, en perdant sa couleur. L'arsenic et l'antimoine en poudre s'unissent à ce corps gazeux avec incandescence.

Le silicium cristallisé, froid, brûle au contact de ce gaz avec beaucoup d'éclat, en fournissant du fluorure de silicium qui a été recueilli sur le mercure et nettement caractérisé.

Le bore adamantin de Deville brûle également, mais avec plus de difficulté, en se transformant en fluorure de bore.

Le potassium et le sodium deviennent incandescents et produisent des fluorures.

Le fer et le manganèse en poudre, légèrement chauffés, brûlent en fournissant des étincelles.

En présence du mercure, absorption complète, avec formation de protofluorure de mercure de couleur jaune clair.

L'or et le platine ne sont pas attaqués à la température ordinaire du laboratoire.

Le chlorure de potassium fondu est décomposé à froid avec dégagement de chlore. Il en est de même de l'iodure, qui se recouvre de suite d'une couche d'iode.

Ce gaz décompose l'eau à froid en fournissant de l'acide fluorhydrique et de l'oxygène ozonisé ; il enflamme le sulfure de carbone et, recueilli dans une capsule de platine remplie de tétrachlorure de carbone, il fournit un dégagement continu de chlore.

Les corps organiques hydrogénés sont violemment attaqués. Un morceau de liège, placé auprès de l'extrémité du tube de platine par lequel le gaz se dégage, se carbonise aussitôt et s'enflamme. L'alcool, l'éther, la benzine, l'essence de térébenthine, le pétrole prennent feu à son contact.

En résumé, le fluor est un corps gazeux, possédant une activité chimique supérieure à celle de tous les autres corps simples connus. À cause de ses puissantes affinités, il permettra évidemment d'importantes réactions. S'il n'avait pas encore été isolé, il est assez curieux de reconnaître que, grâce à l'étude de ses composés, sa place était marquée depuis longtemps dans la classification naturelle des métalloïdes. Les essais tentés jusqu'ici pour l'obtenir avaient fait prévoir quelques-unes de ses principales propriétés. Le jour où l'expérience arrive enfin à le retirer d'une de ses combinaisons, on s'aperçoit qu'il ne peut occuper que la place indiquée, en tête de la famille du chlore, et la classification établie par Dumas se trouve encore une fois complètement justifiée.

Notes

1. La Société centrale de produits chimiques nous a préparé plusieurs fois par ce procédé de l'acide fluorhydrique bien exempt de silice.

2. L'expérience qui nous a permis d'isoler le fluor a été faite pour la première fois le 26 juin 1886.

3. Pendant l'impression de ce Mémoire, nous avons fait

creuser un tube en forme de V dans un bloc de fluorine, et nous l'avons fermé, comme le petit tube en U de platine, au moyen de bouchons à vis portant les électrodes. Des tubes latéraux servaient aussi au dégagement des gaz. En électrolysant dans cet appareil, à la température de +15°, de l'acide fluorhydrique contenant du fluorure de potassium, les gaz produits à chaque pôle étaient mélangés d'une telle quantité de vapeurs d'acide qu'aucune expérience nette n'était possible. Nous avons essayé alors l'électrolyse du fluorhydrate de fluorure de potassium maintenu liquide à +180°, et en moins d'un quart d'heure la tige de platine du pôle positif était détruite et l'appareil mis hors de service.

CONCLUSIONS.

ISBN : 978-1976343032

www.ingramcontent.com/pod-product-compliance
Lightning Source LLC
Chambersburg PA
CBHW050240230526
45470CB00005B/2046